香港道润国际设计有限公司

景观·规划·建筑·

HTTP: // WWW.DORUN-CN.COM

上海第一坊 生态创意园

The First Palace Of Shanghai

CONTACT:13564413858
TEL:021-55069125
FAX:021-55069125
HTTP://WWW.DORUN-CN.COM
E-mail:DR55069125@126.com
QQ:793466645

香港 ADD：德辅道中 173 号南丰大厦 1708C1 室
上海 ADD：普陀区武宁路 509 号 1303 室（电科大厦）

TEL：00852-21527388-21527399
FAX：00852-35719160

诚聘：主创设计师、园建设计师、植物设计师

杭州神工景观设计有限公司
HANGZHOU GODHAND LANDSCAPE DESIGN CO.,LTD
杭州神工景观工程有限公司
HANGZHOU GODHAND LANDSCAPE ENGINEERING CO., LTD

市政公共绿地　住宅区环境　公园景观　道路景观　厂区景观

杭州·阿里巴巴软件生产基地

杭州·莱蒙水榭山

宁波慈溪·中央公园

JOIN US

景观设计师

景观工程师

期待您的加入，成就我们共同的梦想

ABOUT US

专业、敬业、成就伟业

神工景观成立于2002年10月

专业是公司发展的方向，在市场化细分的今天，强调公司的专业化方向、专业化的技术人员、专业化的组织管理、专业化的技术服务……

专业化的一切是公司在激烈的市场竞争中立于不败的保障。

敬业是公司的操作模式，只有本着真正为客户着想的态度，才能运用自身的专业水平为客户提供完善的产品、妥帖的服务。本着专业的方向，敬业的态度，成就伟业的决心，神工景观将执着的求索。

杭州·阿里巴巴软件生产基地

电话：0571-88396015　88396025
网址：www.godhand.com.cn
地址：杭州市湖墅南路103号百大花园B区18楼

传真：0571-88397135
E_mail:GH88397135@163.com
邮编：310005

中外景观

Chinese & Overseas Landscape

现场设计

047

作者：中国建筑文化中心

黑龙江美术出版社

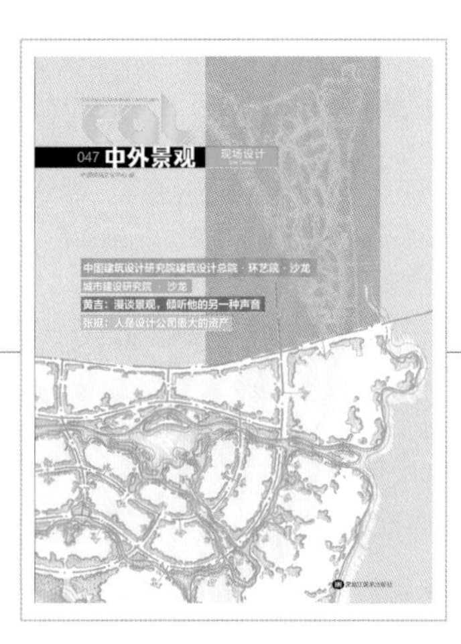

封面图片来源：中国建筑设计研究院建筑设计总院·环艺院

col 中外景观

图书在版编目（CIP）数据

中外景观：现场设计 / 中国建筑文化中心编. --
哈尔滨：黑龙江美术出版社, 2014.5
ISBN 978-7-5318-4735-9

Ⅰ.①中… Ⅱ.①中… Ⅲ.①景观设计－工程施工
Ⅳ.①TU986.2

中国版本图书馆CIP数据核字(2014)第093451号

中外景观 现场设计
zhongwaijingguan xianchangsheji
中国建筑文化中心编

责任编辑：曲家东
出版发行：黑龙江美术出版社
印　　刷：北京博海升彩色印刷有限公司
开　　本：965 mm × 1270 mm 1/16
印　　张：8
字　　数：200千字
版　　次：2014年4月第1版
印　　次：2014年4月第1次印刷
书　　号：ISBN 978-7-5318-4735-9
定　　价：45.00元
(本书若有印装质量问题，请向出版社调换)
版权专有 翻版必究

声明

1.刊载的文章仅代表作者的观点，并不完全代表编委及编辑部的观点，欢迎读者对刊载内容展开学术评论。
2.编辑部对所发文章、图片享有中文、电子、网络版权。
3.欢迎各设计机构及个人踊跃投稿，本编辑部对来稿保留修改权，请勿一稿多投。

Chinese & Overseas Landscape 047

主管单位＿The Competent Authority
中华人民共和国住房和城乡建设部

主办单位＿Host Unit
中国建筑文化中心
北京主语空间文化发展有限公司
北京城市画卷文化传媒有限公司

协办单位＿Co-Sponsors
欧洲景观设计协会
世界城市可持续发展协会

顾问专家成员（按拼音顺序）＿Consultants
陈昌笃　林源祥　刘滨谊　刘　持　刘小明　邱　建　苏雪痕　王向荣
王秉忱　谢凝高　俞孔坚　杨　锐　张树林

编委会委员（按拼音顺序）＿Editorial Board
白　涛　白友其　曹宇英　陈佐文　陈昌强　陈友祥　陈奕仁　窦　逗　戴　军
胡　颖　何　博　何文辉　黄　吉　韩　全　李存东　李　征　刘　毅　刘　飞
孙　潜　谭子荣　陶　峰　王　云　王宜森　薛　义　夏　岩　尹洪卫　袁　凌
张　挺　张术威　郑建好

主编 Editor in Chief
陈建为 Chen Jianwei
执行主编 Executive Editor
肖峰 Xiao Feng
特约执行主编 Special Executive Editor
李存东 Li Cundong
策划总监 Planning Supervisor
杨琦 Yang Qi
编辑记者 Reporters
肖娟 Xiao Juan　刘威 Liu Wei
海外编辑 Overseas Editor
Grace
网络编辑 Overseas Editor
安通 An Tong
美术编辑 Art Editor
牛地 Niu Di
市场运营总监 Market Operations Director
周玲 Zhou Ling
市场部 Marketing
刘坤 Joy　唐龙 Tang Long
联系方式 Contact Us
地址 北京市海淀区三里河路13号中国建筑文化中心712室（100037）
编辑部电话 （010）88151985/13910120811
邮箱 landscapemail@126.com
网址 www.worldlandscape.net
合作机构 Co-operator
建筑实录网 www.archrd.com
广告设计＿Advertising Design
墨客文化传媒有限公司

现场设计
才是真正设计

前言

PREFACE

Site Design is the Real Design

一个设计之所以被称为“设计”，是因为他解决了问题。当人们的生活空间被各种物质挤压的时候，也就失去了本质，作为设计人员，在设计时便要去掉一切虚假的、表面的、无用的东西，而剩下真实的、本质的、必不可少的东西，如此才能得到更多的空间、更多的舒适、更多的效率、更多的美……

千百年来，人类梦想着在自己的自然生存环境里能拥有理想的生活空间。这个“空间”其实就是人们所渴望的一种美好的栖息环境和一种舒适的生存状态。现场设计，侃侃而谈，就能看出自然与人类的对话关系。“现场”与“设计”是自然景色与人的感官的碰撞，是“天人合一”的哲学体现，是审美主体和审美客体的和谐交流与相互映照，也是人与自然相互拥有的一种期盼。

现场设计既是一种物质生产活动，也是一种文化艺术审美过程，他的一个重要功能便是创造并保护人类的居住生存环境和自然风光的美丽。设计可以提高居民所在空间中生活、工作、休闲的舒适、方便程度，使生活空间有利于人们的身心健康。

图纸是工程设计的语言，设计人员的所有灵感创意和营造法则都必须用图纸来表达，而绘制图纸仅仅是纸上谈兵，要让设计人员的灵感创意变为现实，必须经过加工、制作、施工、安装来实现。现场设计不仅对设计与施工起着沟通和媒介的作用，而且对工程投资、工程进度、与业主的关系以及对设计的优化起着非常积极的作用，更能使居民对生活空间美景的审美得以实现。

《中外景观》编辑部
2014年4月

2010上海世博会世博公园实景图

诚邀拥有相同绿色理想的设计师和团队加入开放、平等、快乐的NITA-LEGO(乐高)协同设计平台
LEGO(乐高)平台联络邮箱：LEGO@nitagroup.com

曾经梦想上海的摩天繁华，今日梦想香格里拉的绿色生活……

NITA关注“绿色城市”实践，致力为中国不同区域人们重建绿色生活

现在，人类只有一个地球；未来，孩子也只有一个地球。人类20—21世纪的科学技术大发展，对于地球是个大灾难。气候变暖、冰川融化、森林减少、河流消失、沙漠化加剧、海洋污染……大地无言，母亲愈发羸弱。

NITA一直关注自然、城市与人的关系，致力研究并建立一种经济与自然环境和谐共生的绿色发展模式。2010年，NITA担当总体设计与管控的5.28平方公里上海绿色世博园区，向全球崭露绿色英姿。NITA正以中国世博作为“绿色城市”实践的新起点，努力为中国不同区域的人们改善生活环境。

面对未来人口的持续快速增长，NITA深信，“回归设计与科学”融合共生的“绿色城市”理念，是使地球恢复并保持健康发展的解决之道。同时，我们积极整合绿色低碳国家的绿色实践技术，探寻城市与环境共生发展的长远之道。NITA还将围绕“绿色城市”实践，积极的在绿色技术、绿色培训、绿色公益以等领域继续前进，努力发展身边人关注绿色，让蔚蓝地球重新焕发勃勃的绿色生机。

滴水穿石，溪河成海，NITA力有限，理想不变……

NITA，道至简，行更远。

www.nitagroup.com

地址/Add：上海市田林路142号G座4楼　电话/Tel：86 21 31278900　客户专线：400 111 0500　Email：info@nitagroup.com

济南园林集团景观设计（研究院）有限公司

JINAN LANDSCAPE ARCHITECTURE GROUP DESIGN (INSTITUTE)Co.,Ltd.

地址：济南市市中区马鞍山路34号
电话：0531-67879707　0531-82975167
传真：0531-67879707
E-mail：design82059311@163.com
http：http://www.landscape-cn.net/

理事单位 Members of the Executive Council

副理事长单位

EADG 泛亚国际
CEO 陈奕仁

海外贝林
首席设计师 何大洪

上海贝伦汉斯景观建筑设计工程有限公司
总经理 陈佐文

常务理事单位

东莞市岭南景观及市政规划设计有限公司
董事长 尹洪卫

夏岩园林文化艺术集团
董事长兼总设计师 夏岩

杭州神工景观设计有限公司
总经理 黄吉

上海意格环境设计有限公司
总裁 马晓暐

荷兰NITA设计集团
亚洲区代表 戴军

SWA Group
中国市场总监 胡颖

深圳禾力美景规划与景观工程设计有限公司
董事长 袁凌

上海国安园林景观建设有限公司
总经理助理兼设计部部长 薛明

北京朗棋意景景观设计有限公司
创始人、总经理 李雪涛

加拿大奥雅景观规划设计事务所
董事长 李宝章

道润国际（上海）设计有限公司
总经理兼首席设计师 谭子荣

重庆天开园林股份有限公司
董事长 陈友祥

济南园林集团景观设计（研究院）有限公司
院长 刘飞

深圳文科园林股份有限公司
设计院院长兼公司副总经理 孙潜

天津市北方园林市政工程设计院
院长 刘海源

绿茵景园工程有限公司
董事长 曾跃栋
执行CEO 张坪

杭州林道景观设计咨询有限公司
首席设计师、总经理 陶峰

杭州泛华易盛建筑景观设计咨询有限公司
总经理 张挺

南京金埔景观规划设计院
董事长 王宜森

天津桑菩景观艺术设计有限公司
设计总监 薛义

苏州筑园景观规划设计有限公司
总经理 张术威

杭州易之景观工程设计有限公司
董事长 白友其

杭州八口景观设计有限公司
总经理 郑建好

上海太和水环境科技发展有限公司
董事长 何文辉

广州山水比德景观设计有限公司
董事总经理兼首席设计师 孙虎

LAD—上海景源建筑设计事务所
所长 周宁

汇绿园林建设股份有限公司

上海欧派城市雕塑艺术有限公司
董事长 崔凤雷

武汉中创环亚建筑景观设计工程有限公司
总经理 于志光

北京都会规划设计院
主要负责人 李征

美国俪禾景观规划设计有限公司
总裁兼首席设计师 韩全

会员单位

浙江城建园林设计院
所长、高级工程师 沈子炎

重庆联众园林景观设计有限公司
总经理兼首席设计师 雷志刚

上海唯美景观设计工程有限公司
董事，总经理 朱黎青

Contents 目录

Review 012 评论

Topic 018 话题

News 054 新闻

Oversea 058 国外

Case 094 案例

Special Subject 114 专题

Reading 118 阅读

landscape architecture

万科 VANKE

保利 BAOLI

大华 DAHUA

landscape architecture

清能 QINGNENG

landscape architecture

中冶 ZHONGYE

广电 GUANGDIAN

中建三局 ZHONGJIANSANJU

landscape architecture

ZHONGCHUNANG HUANYA

ARCHITECTURE LANDSCAPE ENGINEERING DESIGN CO.,LTD

ZHONGCHUANGHUANYA

中創環亞

建築景觀

設計工程有限公司

ARCHITECTURE LANDSCAPE ENGINEERING DESIGN CO.,LTD

SINCE 2003

地址：武汉市江岸区解放大道1208号新长江国际A座505室

联系电话(传真)：027 - 82635263

E-mall：zhong-chuang@163 . com

网址：www.whzchye.com

安吉辉篁竹业有限公司

安吉辉篁竹业有限公司坐落于著名的中国竹乡-浙江省安吉县，是一家专门生产和销售重竹户外产品的企业。

公司自2002年成立以来始终奉行“质量第一，用户至上”的宗旨，严格质量管理。先后通过了CE认证和ISO9001:2000质量体系认证。并多次被工商管理部门授予守合同重信誉单位的称号。公司生产的“重竹户外”系列产品有：重竹户外地板·重竹外墙装饰板·重竹户外栏杆、立柱，重竹马厩板等。目前我公司研发的耐久型重竹户外地板经权威部门检测，各项指标已完全满足户外使用要求，得到多家专业用户的认可，并成功应用于2010年上海世博会法国馆的室内、外的地面铺装。随着生态环保理念的普及，户外重竹产品必将受到越来越多有识之士的青睐。

我公司拥有良好的信誉·先进的设备·严格的管理·成熟的工艺和可靠的品质，欢迎中外客商惠顾。

地址：浙江 安吉 递铺镇马皇岭
电话：+86-572-5216895
传真：+86-572-5215066
手机：+86-133 0572 8366
邮箱：wgliang666@163.com
网址：www.hh-bamboo.com

秦颖源：“真”的景观和“象”的景观

Qin Yingyuan: Authentic Landscape Vs. Phony Landscape

有这样一种经常发生的情形，投资方在委托设计师接手某一项目时，会对美好愿景作一番深情描述，用诗人般的想象力去感染牵挂着每平方米能收几块钱的设计师，而当设计师挣脱俗念的羁绊，捧出一个不是“产品”的作品时，又猛然被棒喝一顿：“你这设计造价太贵，能卖啥价钱！”到那时，设计师才恍然大悟，原来对方要的是“象”的景观，不是“真”的景观。

设计到底是求“真”还是求“象”，并不是一个新鲜的命题。从古希腊到近代，西方建筑一直沿用着“制式”，无论是柱式、山花、屋顶，或高或矮、或圆或尖，都是有据可依，隐藏着精确的数字逻辑。在东方的建筑发展史上同样，从宋制的“材契”到清制的“斗口”，每根木料的长短粗细都是有法可据的。通常的解释是在生产力落后的古代，建筑是唯一可能在天地自然长存的人造物，古典建筑的宗教和礼法的象征意义远远高于它的现实生活价值，更何况当时的人对个体自身的关注几乎可以忽略不计。相比建筑，人类造园实践因其自然化属性而带来略为弱化的非人性化意向，但形式感的述求无论在西方的轴系交织和东方的一池三山中都呈现无余。这种设计模式在横亘人类文明史千余年后，终于在19世纪后半叶得以扭转。现代建筑运动摈弃装饰，力求真实表达功能和结构。“景观（LA）”的概念也在美国的公园实践中诞生，这时的“公园”已完全不是历史上“造园”中的“园”，是真实地结合自然、反映自然，为公众利益服务的社会理念和技术操作，从中体现的时空意识已超出“风景”+“园林”式的现象描述。

中国近代多舛的社会变迁和强大的传统意念使“景观”的移栽在经历一个漫长“寂静的春天”后姗姗来迟，尽管在上个世纪80年代初就有相关专业的建立，但真正和国际上现代景观的学科框架接轨已是进入新世纪后的转型。耐人寻味的是，随着经济大潮跃起的“景观”行业并没有向着国际现代景观的认知观呈现线性发展的轨迹，而是出现“现代”和“传统”混合，“求真”和“求象”共存的多元格局。一瞬间，各路诸侯纷纷亮相，你方唱罢我登场，既有挂着“国”字号的所谓正规军，也有扛着“洋”枪的空降兵，更多的是番号似中似洋，见缝插针的游击队。这支庞杂的设计队伍既为华夏大地策划众多现代生态人居的灿烂愿景，也同时制作出无数时空倒转，物非人是的虚幻场景。

做“真”的设计和做“象”的设计在职业上并不对立，也不存在操守上的高下。过真的设计未必符合受众身心的多层次需求，“实用、经济、在可能条件下注意美观”的生产型设计把使用者作为只有生存本能行为的同质化生物群体集约化处置，是对名言“住宅是居住的机器”的曲解，但不分场合和对象的肆意仿古作假同样是对时代进步的违背和人类智慧的嘲弄。

景观设计涵盖广泛，既有国土地域层次上的整合定位，也有方寸天地里的营造雕琢，在肩负创造大众良好宜居环境的同时，又可满足族群猎奇求异的殊癖，时而如铁线勾划，素颜淡妆，以少胜多，时而如重彩泼墨，极尽渲染，不厌其烦。“真”和“象”的融合比全在操盘手“才”、“情”、“智”的综合把控，设计师可能只是一种工具。

多元的存在意味着供求平衡，“存在即合理”是一种适者生存的市场法则，但不能成为职业规范的衡量标准，尤其在教育界，“外面啥吃香就学啥”使高等学府沦为随波逐流的职业培训所。当前中国的教育人士为学生的出路犯愁，唯恐理论联系实际不够，希望课堂离办公室越近越好，最理想莫过于学生从入学第一天起就在公司实习，可确保百分百的就业率。反观西方的设计教育界，同样鼓励学生在假期接触社会，但如果有人把设计公司的项目一成不变地当做课程作业，将会成为笑柄，任何一种程式化的设计在学院里都被视作缺乏思维和创意的低层次模仿，“象”的层度越高，离“真”的距离越远。

一项职业的前行依靠的是思想，不是产值。

秦颖源
AIA, ASLA
寰景工程（上海）设计总监
美国注册建筑师
yinyuanc@hotmail.com

袁 源
苏州工艺美术职业技术学院环境艺术系，讲师，
美国华盛顿大学环境学院硕士

YUAN YUAN

袁源：都市里的田园梦

Yuan Yuan: The Rural Feeling in the Urban

70、80 后们的人生轨迹，大多遵循从农村包围城市，之后在城市中生根立足，拥有在茂密的城市森林中的一个小鸟巢。伴随着中国楼市历久弥新、越吹越大的泡沫，大部分人对于自己的都市梦也产生了或多或少的惶恐感。高房价伴随着越来越污浊的空气、越来越拥堵的交通，都市化的生存方式伴随着食品安全问题、水污染问题，辛苦打拼不断累积物质财富的城市新兴中产阶级，如果还有一丝诗意情怀，或许还要不合时宜地做一做都市里的“田园梦”。

在微博的关注名单里，“樱桃和细毛”这个生活在北京郊区农村里的一家人一直是“田园梦”里的践行者。几年前，他们离开北京城区，在郊外买了一个带院子的小房子，在院子里种菜、种花、养鸡、养鸭，每天看着他们收获新鲜蔬菜做成当季的菜肴，看着小樱桃摘下春天里的杏花、玉兰装点妈妈的梳妆台，而我们这些关注者们，却徒有一腔羡慕的心和一双挪不动的腿。

2007 年我和丈夫去美国东部旅游时，在波士顿的城区偶然路过一个名为“Back Bay Fens”的公园，由 Olmsted 在 1879 年设计建成 Fens 公园构成了波士顿城区“翡翠项链”的一部分。然而 Fens 公园看起来一点也不像常规意义上的公园，尤其不像我国近年来建成的大部分市民公园。整个公园几乎没有硬质铺地，一律为煤渣或木屑铺地，没有成片有序列的景观植物，河边上大片的芦苇荡，上百年的老树枝干遒劲，非常耐看。当然最特别的是，公园的大部分区域做成了可供周围社区市民租用的苗圃，像我国乡村的自留地，每个单元不大，三、四分地，有简单的围栏，种花种菜任由自便。在里面转一圈，看到蔷薇、雏菊开得正好，丝瓜、葫芦也已经游上了藤架，一瞬间完全忘记自己置身在波士顿最繁华的城市中心。苗圃的管理非常细致，比如种植的植物高度不得超过 0.92 米，所有的垃圾需要分类处理等。

对于一个怀有“田园梦”的城市白领，Fens 公园是最为理想的解决之道：他位于城市中央，不需要你放下当下的生活去乡村归隐；他迷你的规模最适合租用而不需要高昂的成本；他还能使得生活在水泥盒子的城市人有机会隔着围栏和邻居们拉拉家常；更加重要的是，他能给大家一个渠道获得安全的食物。看看我们周围大片的居住区景观和城市公园，难道划个一亩 3 分地给大伙做个“田园梦”有那么困难吗?

谢雨东：面子功夫的背后

Xie Yudong: Support For External Image

21世纪，世界再次兴起对自然资源的大改造，新世纪初期的曙光没有给人们带来期盼中的祥和、宁静与和谐，相反各种天灾人祸接踵而至。近年来，很多地区遭遇暴雨洪涝灾害袭击，多处城区变成“泽城”，灾区人民身无所居，人身安全受到致命威胁，财产遭到严重破坏。

人类为了谋求眼前的利益，大力改造自然，看得见的与看不见的建筑景观貌似一夜之间拔地而起。对于投资商来说，无意识的追求利益的最大化，他们更在意于“看得见”的景观工程是否豪华，而不遗余力控制“看不见”的景观工程成本，所以在一定程度上促成了“看得见”的过分浮夸与“看不见”的开玩笑式忽悠局面。特别是在城市建筑景观建设中，只是注重地面上“看得见”的效果而忽视了地下的配套工程——城市调蓄雨洪系统。

当前，国内很多投资商对地下工程不够重视，城市调蓄雨洪的系统不够完善，洪涝灾害频发。虽说特殊的地形地貌、地理位置和气候条件是导致频发洪涝灾害的主要客观原因，但其与人类盲目改造自然资源也有着密切的关系。中国城市化及工业化发展迅速，人们在大力改造自然资源导致了地表垫层结构与生态链发生了变化，而不注重“看不见”的地下排洪工程让其雪上加霜，使城区及其附近区域的自然、文化和生态系统都发生了显著的改变，以致防洪防汛任务变得更加艰巨。

“环保、生态”是社会发展永恒的话题，很多人却把其当为“幌子”谋求利益，这种现象在我们景观设计行业也屡见不鲜，“环保”与“生态”字眼只是“本能性”的被标识在设计文本中，内容却没有体现以致缺乏说服力，只是用华丽的词语来点石成金，掩盖作品的瑕疵，正如丁奇教授所说的“文学将杀死景观”。城市管理者与设计者往往把精力都放在地表面能看得见的“好效果”、“面子工程”之上，而在一定程度上忽视了对地块属性及排洪系统的研究，生态安全格局意识薄弱——人工硬化不透水下垫层取代了自然透水性下垫层，使其蓄水性、滞水性、透水性等水文条件发生了改变；过度开发造成储水空间排水渠道减少；为了美观高处建造人工湖满足不了储水功能等。

山水有情、花草有性、鸟虫有语，灾害反应了人与自然之间的相对关系，当人们向自然摄取更多时，自然将给予人类“报复性”的回馈——灾难。在自然灾害面前，我们要学会反思，合理利用与改造自然资源，务必遵循以防为主，防治结合的可持续发展观，在合理分配与开发自然资源的同时，要重视修复在开发时对生态系统的破坏。中国自古提倡“天人合一”的设计理念，城市建设者要满怀对自然的敬畏之心，不破坏环境、不辜负山水、绕树而走、循草而行，要研究城市的自然资源与人的关系，深入解读城市的地缘个性，这样才能确保城市生态系统的正常运作，才能有助于建设一个更美丽的城市。美国的海洋生物学家蕾切尔．卡逊（1907年-1964年），她一生写了很多绿色著作，她对生命和自然的深刻感悟、对美丽荒野的细致描绘、对家园损毁和生存危机的忧患意识、对现代生活的历史性反思，值得我们城市管理者与设计者深思与借鉴。

生态安全格局指景观中存在某种潜在的生态系统空间格局，它由景观中的某些关键的局部，其所处方位和空间联系共同构成，包括连绵不绝的山水格局、湿地系统、河流水系的自然形态、绿道体系等。20世纪90年代，俞孔坚首次在国际上提出了生态安全格局的理论和方法，并对国土“生态安全格局”进行了多方面的研究，提出应对快速城市化带来的各种问题，最核心的解决途径是建立国土生态安全格局。

宏观的城市规划，对调蓄雨洪系统完善与否也至关重要。规划是建筑景观的大脑，是灵魂、是高度，一切开发行为都受制于前期规划水平。特别是城市管理者更应该

谢雨东
广东工业大学
设计学环艺方向硕士
广州圣禾建筑景观设计总监

重视城市宏观规划，提高城市未来发展动向的敏锐度，合理安排各区域功能、城市交通网络、城市调蓄雨洪系统等，而不是单纯的画圈养羊，纸上指点江山。要致力于合理设计、因地制宜，以和谐宜居为核心原则做前瞻性规划，设定了未来几十年的生活场景，宏观设置城市调蓄雨洪系统以致满足城市未来的发展需求。

设计的使命是创造城市的美丽，让居住者的生活变得更幸福。面对当前状况，面对这些灾害，作为城市管理者与设计者，在兼顾地表上能“看得见”的“好效果”之时，务必做到真正的把环保、平衡生态链作为设计基本准则，要做到河流滨水的自然、历史、人文景观有机结合，以及景观设计与生态修复相结合，才能从根本上达到“双赢”的目的。前瞻性的保留珍贵的景观资源，选择性地利用这些天然或人工景观元素，构建起服务于未来的防灾减灾的生态安全格局。否则，面子功夫的背后，将是城市的累赘，也是灾害的来袭之时。

丁奇：寻回失落的乡愁

Ding Qi: Find the Missing Homesick Emotion

丁 奇
北京建筑大学副教授，景观评论人

最近中央城镇化工作会议文件里出现了一句“让居民望得见山、看得见水、记得住乡愁”这样文艺范的句子，足见中央对当前我国乡村景观环境破坏的深深忧虑。

中国正处于传统农业景观向现代农业景观转变的过渡阶段，农业生产方式的转变以及城市化的快速发展给乡村景观带来一系列的问题。一是乡村生态环境的破坏，2010年2月公布的《第一次全国污染源普查公报》显示，中国农业已经超过工业和生活污染，成为环境污染的最大来源。乡村的生态系统内部固有的联系和秩序被打乱，空间上的完整性被破坏；二是乡土文化遗产景观面临严重破坏，具有文化特色和价值的乡村景观受城市化的影响，呈现高度破碎化并且渐渐失去了其本身的乡土特色。

面对这些现实问题，虽然国家对如何建设社会主义新农村有一定的指导原则和发展方向，但是长期以来重城轻乡使得乡村规划的理论和方法尚未形成完整的体系。因此找到有效的解决乡村问题的规划的理论与方法迫在眉睫。

乡村的特点与城市截然不同。仇保兴认为“从景观特征来讲，农村农业是自然的、宽旷的、情趣的、传统的；从空间关系来讲，农村农业是生产的空间、生活的空间和生态的空间三者合一，空间结构是有效率的存在”。城市景观主要以人工元素为主，可以把城市看作人工景观为底，自然景观为图。而乡村是历史上不同文化时期人类对自然环境干扰的记录，其最主要的表现是乡村景观反映现阶段人类对自然环境的干扰，因此乡村可以看作以自然环境作为基底，人工元素为图。乡村的特点决定了当前习惯了城市规划方法的规划从业人员必然难以满足乡村规划的要求，这一特点决定了风景园林作为协调人与自然关系的学科应该担负起乡村规划建设的主要职责。

而现在，我国风景园林师涉足乡村规划并不多，且较少与现行法定规划相衔接。风景园林师主要从事乡村公园、乡村绿地以及农业观光园等规划建设，而对乡村整体规划和建设没有发言权。与我们的欧美同行相比，我们在乡村从事的仅仅是修修补补的小玩意儿。佐佐木英夫说到“风景园林应与现实问题紧密结合，而不是做些装点门面的附属工作”。

严峻的乡村现实问题与国家对乡村建设的重视是摆在风景园林师面前巨大的机遇，同时也是巨大的挑战。我们能不能承担起乡村建设的重担，敢不敢做乡村规划的主角，是每一位风景园林师需要认真思考的问题。希望在不久的将来，风景园林师真正成为寻回美丽乡愁的寻梦人。

近期作品

◇江　苏 | 苏州石湖景区景观规划设计
◇江　苏 | 苏州穹窿山孙武文化园景观设计
◇黑龙江 | 大庆黑鱼湖生态园景观规划设计
◇江　苏 | 苏州太湖大道景观规划设计
◇山　东 | 枣庄东湖龙城景观规划设计
◇江　苏 | 苏州科技城智慧谷景观规划设计
◇江　苏 | 无锡万科蓝湾运河外滩景观设计

长　期　诚　聘　设　计　英　才

服务范围

市政景观 | Municipal Landscape

城市滨水湿地 | The Urban Waterfront Wetlands

高端住区 | High-end Residential

商业开放空间 | Commercial Open Space

苏州筑园景观规划设计有限公司 / 风景园林设计甲级

联系我们　地址 | 江苏省苏州市高新区邓尉路 9 号润捷广场 1 号楼 20F
邮编 | 215000　电话 | 0512-68667368　传真 | 0512-68667368-800　网址 | WWW.SZSKYLAND.COM

汇者，汇贤聚才以图治；绿者，巧用匠心营绿境。

正是秉着“汇贤图治、绿境文心”的企业宗旨，经过10余年的磨砺，公司已发展成为一家集园林景观规划设计、园林工程建设、绿化养护及苗木产销等为一体的完整生态建设发展的城市景观生态系统运营商。未来，公司将继续以促进生态文明建设，创建和谐美丽城市环境，发展风景园林事业为己任，以科学的管理、优秀的团队、务实的作风、创新的意识、良好的声誉，竭力营造优美的作品、提供专业的服务，回馈股东，服务社会，为“美丽中国”建设作出贡献。

城市园林绿化壹级 | 市政公用工程总承包壹级 | 风景园林设计甲级 | 城市及道路照明工程专业承包壹级 | 园林古建筑工程专业承包壹级

ADD：浙江省宁波市北仑区长江路1078号好时光大厦1幢15.17.18楼 | TEL：0574—55222515 | FAX：0574—55222999 | E-MAIL：HR@CNHLYL.COM

"Site Designs"— Responsibility and Pursuit

China Architecture Design & Research Group Architecture Design General Institute · Salon

"现场设计"——责任，追求

中国建筑设计研究院建筑设计总院 · 环艺院 · 沙龙

李存东

中国建筑设计研究院 建筑设计总院副院长、副书记 教授级高级建筑师

中央美术学院硕士生导师、中国环境艺术委员会常务理事、世界园林景观规划设计行业协会副主席、中国建筑学会室内设计分会常务理事、中国建筑装饰协会理事

北京市奥运工程勘察设计行业优秀人才、中国环境艺术奖个人成就奖、华夏建设科学技术奖一等奖

史丽秀

中国建筑设计研究院环艺院院长、总建筑师、教授级高级建筑师

中国建设文化艺术协会环境艺术委员会专家委员

国际室内装饰协会中国分会理事

中国风景园林学会会员

中国环境艺术奖第三届

第四届杰出贡献奖

亚洲景观研究中心

亚洲房地产中心

中国房地产创新景观设计师

赵文斌

中国建筑设计研究院环艺院副院长、书记、景观所所长、中央美院课程讲师

高级工程师、高级环境艺术师、风景园林学博士

2013 年中国设计业十大杰出青年

2013 年获全国优秀工程一等奖

2009 年获 IFLA 亚太区二等奖

2007 年北京市优秀工程一等奖

关午军

中国建筑设计研究院环艺院景观所副所长、室主任

2011 年中国环境艺术奖（规划设计类）——最佳范例奖

2008 中国环境艺术奖

刘 环

中国建筑设计研究院环艺院室主任、组织委员

2011 年全国优秀城乡规划设计一等奖

2011 年中国环境艺术奖（规划设计类）——最佳范例奖

2012 年第二届国际景观规划设计大会艾景奖金奖

王洪涛

中国建筑设计研究院环艺院副室主任

2012 第二届国际景观规划设计大会艾景奖金奖

2008 年中国环境艺术奖

COL: "现场设计"具体是指哪些设计？"现场设计"对项目的作用体现在哪里？

李存东：现场设计，从字面上看是身处现场做设计。通常的理解包括：现场解决图纸上表达不清楚的内容；现场处理设计与实际条件的差异；因施工条件等因素的变化现场调整设计图纸的一种设计方式。

除此之外，我认为"现场设计"还有一层含义，就是项目初期在现场进行的设计。在西安"南门广场"项目中（图 1、图 2），我们尝试了这种在现场进行构思的设计方法，在了解现场的基本信息后，我们在场地对面的酒店内对着现场做设计，

图1

图2

车流人流的变化尽现眼底，看到的是平日对着现状图所无法体会到的鲜活的场景。在这样的氛围下产生的设计构思是更贴切的，更令人兴奋的。

从这个意义上说，“现场设计”应该理解为一种超越传统的设计方式，是贯穿于整个项目过程的全新的设计方式。挪威城市建筑学家诺伯舒兹曾提出过“场所精神”的概念，一个场所的存在一定有其所承载的精神，就像我们常说的一方水土养一方人的感觉，特定的精神属于特定的场地，我认为要想找到这种独特的精神，“现场设计”是非常重要的方法（图3、图4）。

现实的问题是我们很少认为应该加大在现场做设计的力度。我们会觉得拿到现状图后看看现场就足够了。于是 “现场设计”就被转移到建设过程中现场解决问题的过程中了。由于对场地条件的感知越来越弱，对场所精神的理解也越来越主观化，所谓闭门造车，这也造成很多项目设计理念的雷同。所以我认为如果有可能，一定将现场设计延展到设计前期，要用设计自家小院的心境，充分融入现场场景，这样设计出的作品一定是有独特韵味的。

史丽秀：“现场设计”通常指项目中的某一阶段，在设计的不同工作阶段都存在“现场设计”。我们在设计过程中充分考虑场地环境非常重要，在自然环境中我们要重视山形地貌，在城市中，项目所处场地的道路、建筑、市政设施等也是它的“山形地貌”，所以景观设计的初期就应该是 “现场设计”，在深入了解其周边的具体环境条件之后，在不同的设计阶段，还需要针对现场细节做出具体设计（图5、图6）。而在设计的过程中，初期构想和实际操作一定会存在很多矛盾。设计师在此过程里需要付出较多的努力，寻求最佳的解决策略及方案。做为设计师除图面的设计工作外，还有对现场各个项目参与方的组织和协调的工作，包括了各个部分、各

图4

图3

"Site Designs" Responsibility and Pursuit

个专业的设计进展、施工方的技术能力、材料供给情况等等。因此，我认为"现场设计"不仅指绘图，也包括针对设计对现场进行多方面沟通完善的工作，这样最终作品才更接近设计的理想状态。"现场设计"是跳出设计图纸，立足现场，解决多方协作的一种设计。同时，我认为"现场设计"主要包括两层意思：一是对现场的了解，二是对设计图和现场存在问题的调整解决。设计永远是一个不断调整改进，最后达到最优的过程。因此，"现场设计"是对项目完整性和实现优化度的手段（图7、图8）。而且设计师多进行"现场设计"更利于自身设计务实水平的提高。

图6

赵文斌：我很赞同"现场设计"贯穿设计始终，是一个全过程设计的观点。所以我认为"现场设计"包括前期经营、现场调研和设计控制三个层面。

第一个层面：前期经营是指设计方了解甲方意图并取得合作关系的阶段，也可以理解为"现场设计"的前期阶段。对于一个意向项目，业主无论是政府还是开发商，他们内心都会寻找到1-2个对位标杆项目，对其定位和建成后的整体意象有个基本雏形。而作为设计师第一次和业主沟通就显得至关重要。既要摸准业主的脉，明白业主真正想要

图5

"Site Designs"
Responsibility and Pursuit

什么东西，还要作为设计师提出更加科学、合理的建设性建议，通过和业主沟通中的判断以及由此植入的设计思想做出对该项目整体意象的描绘，由此获得业主的信任。在这个过程中，设计师已经在做现场设计了，同时这也是一个前期经营的过程。

近期正在开展的呼和浩特项目就是一个印象较深的现场设计项目。这是一个高端地产项目，景观先行的规划手法既是创新也是冒险，如何在项目开展前说服业主信任景观规划能很好的控制小区布局，实现景观资源利用的最大化。现场设计表达的前期经营在该项目中起了至关重要的作用。主持设计师耐心讲解，景观先行的规划手法更强调物质空间和生态空间的有机融合，更注重生态环境的保护和自然景观的挖掘，用景观来切地，更符合场地特色要求。最终现场设计的经营策略赢得了甲方的信任。

第二个层面：现场调研是指设计师了解设计项目优势和不足的阶段。取得业主信任后，就得开展设计工作，而设计工作的基础就是现场调研分析，这也是现场设计的开始。设计师通过对城市、区域、场地不同尺度下的城市特质、地形地貌、水文地理、风景资源、人文古迹、植被条件、现场感受等方面的调研。只有现场调研清晰准确后才能构思出得法独特的方案，也就是"现场设计"的方案更能符合场地要求，也就更能感动人。在呼和浩特项目，现场调研分析后，采用"景观先行"规划手法后推导出的景观规划平面图，创造性地打破了上位规划"棋盘式路网"，依据现状山形水势规划出自然灵动的用地布局，为人们提供了"诗意的栖居"之地的同时实现了土地价值的提升（图9、图10）。

第三个层面：设计控制是指设计师对图纸的设计控制和对后期实施过程中的设计控制阶段。在现场调研完后对项目的平面布局设计、效果图绘制、以及各设计体系的分析说明等方面，都是对项目实施图纸化的现场设计，包括方案设计、初步设计、施工图设计等环节。而对后期实施过程中的设计控制，则是针对现场的现场设计，包括施工图交底、施工配合、项目验收等环节。在图纸交付之前的现场设计更注重意识形态方面的思考，而在图纸交付之后的现场设计则更注重细部及空间形态方面的思考。如何放线、材料如何确定、高差怎么解决、边界如何处理、地形如何堆砌、植物如何配置等系列问题，都是实施过程中现场设计需要解决的问题。解决好这些问题，设计师的工程经验和方案能力将会得到快速提升。在玉树康巴风情商街

图7

图11

"Site Designs" Responsibility and Pursuit

项目中（图 11、图 12），主要设计师在实施过程中，现场设计达三个多月，每天像打仗似的解决上述问题。回来后，设计水平得到了显著提升，想问题更全面了、设计方案可操作性更强了。

总之，现场设计不仅仅是盯工地，而是全过程设计控制。设计师只有来到现场并安静下来思考，才能感受到场地的声音，才能领悟场地的功能需求和承载能力，也只有这样才能实现符合场地特色的创新作品。

刘环：设计师不可能脱离现场而独善其身，从某种程度上说，设计不仅仅是施工阶段的事，更应该立足于场地本身，是"观、行、思、辩"的过程（图 13、图 14）。对于我而言，我更关注的是在设计前的观、行阶段，这个阶段是了解、感知、触碰当地的人文、地貌、历史、文化、精神等各方面内容的过程，从这些过程中设计师可以获得设计的依据及设计的逻辑，自此之后才是思、辩的阶段。就像近期在做的玉树援建项目，除了对场地本身地形、高差、植被、建筑等方面的调研外，我很关注场地所处的自然环境、人文环境及藏民在这个空间当中的行为及精神需求，因为这些对设计非常重要，也是设计的前提。在我看来，这个前提构筑了现场设计的一部分，因为设计应该是适合当地并具有一定场所感的。在此之后"思、辩"成为景观后续的主打，这个主打关乎场地与设计师，设计师与图纸，设计师与甲方、施工方、监理方、材料方等，如此说来，现场设计不仅关乎设

图8

图13

图10

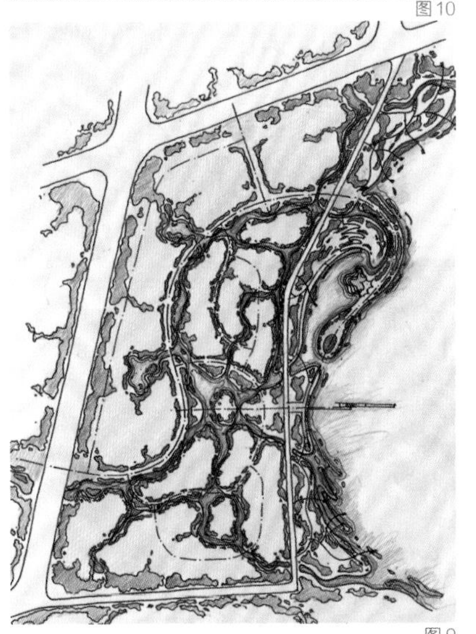
图9

图12

图14

计本身，更关乎人与人之间的经营与沟通。

关午军：如果把“现场设计”拆分开，包括：现，现场、现状、现实，即存在的问题，是时间的概念；场，指场域、场地，是地理空间的概念。因此，“现场”是时间和空间的组合。而设计就是贯穿始终发现问题和解决问题的手段。景观有场地随时间变迁的明显特点，同时又和周围人文、艺术、风土人情、民俗、宗教等关系密切，受供应材料的影响较大（图15、图16）。不同于建筑方案，建筑设计图、施工图和效果图确定后，现场就能实现80%，而景观处理的元素是植被、山体、地形等很多灵活性较大的事物，因此必须根据实地特点去创作，同时景观施工的灵活性也造成景观后期现场落成需要实地把控。

王洪涛：景观设计涉及元素较多，很多都是现场问题，如建筑结构、排水、地形结构，立体绿化还要考虑荷载，因此“现场设计”必不可少。而且实际上，景观设计有时是对建筑和规划部分的最后综合性补充，因此其中的实际问题都需要现场协调解决（图17、图18）。我认为，设计不是单纯的设计技能，更重要的是沟通、协调、完善。

COL：如何通过“现场设计”实现与甲方的更优沟通协作?

史丽秀：在具体项目中，虽然设计师和甲方都希望有更多的交流沟通，但却常因时间不充足和涉及建设方、施工方、采购方等多个方面因素的影响，导致沟通不到位。设计师应在此过程中，首先是理解各方。在项目的多个参与方的沟通中，理解对方是建立良性互动的前提条件。另外，设计师应以自己的专业素养，对于不利因素做到预判、协调，提出建设性的对策。

李存东：我认为“现场设计”很重要的是一个发现问题、解决问题的过程，对于设计师来说，“现场设计”实际上更是一个拓宽知识面的学习过程。图纸设计中，我们的知识、远见、控制力都是有限的，而在“现场设计”中，前期有对资料的搜集、了解，是向自然、历史和人文学习；中期有和甲方不断交流讨论，取长补短，是相互学习；后期有和多方的沟通，解决很多实际问题，是向实践学习。所以现场设计一直应该本着学习的态度。我认为谦虚的品性是完成好的“现场设计”所必需的条件。

COL：“现场设计”从项目初期开始，是否可以对现场后期的问题起提前预知的作用?

图15

"Site Designs" Responsibility and Pursuit

史丽秀：前期对现场情况包括项目与城市的边界、建设范围、地形地貌等的了解，除为实现较合理的设计方案外，另一个作用就是为减少后期实施中遇到的问题。"现场设计"对于项目的各个参与方都很重要。在项目初期思考越深入，后期的问题将越少。

李存东：社会分工的精细化的确带来了深耕细作，但也会有各工种各行其是的现象。对景观设计师来说，现场设计还有一个目的是要与前期规划和建筑专业的协调。例如一个项目，景观在规划和建筑设计做完后开始，发现先前规划的轴线方位与建筑设计现场不符，那么景观设计就面对适应规划还是适应建筑还是适应现场的问题。景观设计师是最接地气的，我们必须针对现场进行设计校正。另一方面，景观设计师对于项目的设计，是从生态、艺术等角度思考，而规划师是从社会、经济、地理等城市发展的角度考虑，因此分工的差异必须还要有一个调整结合的过程，"现场设计"就是能起到促进结合的作用，而且这种合作在项目中进行的越早越利于项目的合理性，提前预知问题，提前基于场地配合解决。

COL：项目的现场中，多方的沟通主要有哪些困难?

赵文斌：比较好的状态是甲方、设计方、监理方、施工方、材料供应方等共同构成一个项目人团队，有共同目标，就是要把项目做好。然而这是一种理想状态，因为在现实中，各自的出发点和利益点不同。甲方看重的是项目投资和建成效果，设计方看重的是设计投入和建成效果，监理方看重的是图纸执行和工期控制，施工方看重的是工程款进度和工期进度，材料供应方看重的是材料价格和成品保护等，这样协调起来比较困难。另外，对景观认同度的差异也会带来沟通的困难。不同的团队对美学和艺术的理解存在个体差异，不同的施工方对施工工艺的把控能力也是不一样，这给不同项目的完成度控制沟通带来困难。不过值得肯定的是，整个行业的发展水平在不断提升，人们对事物的理解和判断也在不断提升。

"现场设计"有助于各专业间的协调。现正在实施的吕梁广场项目，在方案设计过程中，为了解决道路两侧的人行交通问题，在道路上设计了一座人行天桥，天桥方案得到确认和批准。但在实施过程中，建筑师发现天桥可能会对建筑立面造成影响，建议取消。在"现场设计"的反复比较中，最后取消了，避免了在实施过程中不必要的浪费。所以"现场设计"有助于设计师协调解决各专业之间的矛盾，也是承担起设计师社会责任有益体现。

刘环：我认为对于沟通问题的解决，无论哪方都应该有一种取舍并容的态度，因为随着经验的累积，你会发现往往追求面面俱到的完美常常会导致项目完整性实现的困难，作为设计师，除了设计之余，应该具备施工预知的能力，这个能力包含资金投入的预期，施工水平的预期，与人与人沟通的预期等方方面面。

王洪涛：现场协调问题常见的有：甲方工

图16

图17

现场设计是痛苦的，但却是一个必然趋向美好的过程。

赵文斌：我认为“现场设计”的另一个困难，是在设计图提交后，施工进行中，发现现场新的矛盾，让设计去解决。这时只能现场设计变更，现场实时修改了。

COL：大家有着不同的工程经验和不同的工程身份，请谈谈“现场设计”带来的感受。

史丽秀：设计是一个不断追求创新的过程，或者说是追求卓越的过程，“现场设计是我们通向更优的，一个不可或缺的工作内容。

李存东：从景观所创立到现在，我们一直有一个理念，就是景观设计要有利于人类生存环境的改善、有利于时代的发展。景观设计师一定要有专业追求。尽管目前社会发展面临的问题较多，行业发展也有待规范，再加上项目的特殊性、工期要求、社会审美意识差异较大等问题，使得景观设计师往往陷于项目中疲于应对，很难实现理想化的“现场设计”，但我们一定要有追求，有希望通过景观设计实现社会、人文、艺术、生态等价值追求，这种追求决定了我们对设计的态度，也决定了我们对“现场设计”的态度。今天的探讨不一定能理清“现场设计”的本质意义，但我们的观念和努力是基于对景观专业的一点责任，希望对行业的发展能有积极作用。

SITE DESIGNS

期、资金的拒绝更改，现场结构或其他专业的临时更改。对我而言，最大的感觉就是一定要在以往的项目中多总结经验，包括各专业的交叉分歧点、后期容易出现的问题等，这样至少可以在下一个新项目中，可以提前知道并减少或避免问题的出现。

李存东：对于项目设计师，包括主设计师事实上都不可能总去现场，这是一个客观事实。而现场问题也是客观存在的。所以当我们来到现场解决问题的时候，往往会比较痛苦。这是因为这些问题大多是我们在设计中没有系统思考过的。一个项目的设计过程要面对很多更改，无论是设计总方案的变更，还是某个局部的修改，都需要一系列的协调工作，尤其对于比较复杂的项目，需要协调的就更多。困难是有的，痛苦也是必需面对的，但我们也应该知道，越是感到痛苦的时候越是长进最快的时候，我们要把握现场设计这样的机遇，快速积累经验。所以，从另一个角度讲，

图18

Changes in Site Conditions, but Design Codes Never Change

The China Urban Construction Design and Research Institute · Salon

万变的现场状况，不变的设计守则

城市建设研究院 · 沙龙

城市建设研究院园林专业院园林二所所长，城市规划师
2007 年北京市第 13 届优秀工程设计评选一等奖
2008 年全国优秀工程勘察设计行业市政公用工程二等奖
2013 年北京市优秀工程咨询成果一、二等奖
2013 年北京市优秀城乡规划设计评选三等奖

城市建设研究院园林专业院园林二所总工，高级工程师
2007 年度山东省优秀园林绿化工程金奖
2007 年度北京市第十三届优秀工程设计评选一等奖
2008 年度全国优秀工程勘察设计行业市政公用工程二等奖
2011 年度第一届中国风景园林学会优秀风景园林规划设计三等奖
2012 年北京市第十六届优秀工程设计三等奖
2013 年北京市优秀工程咨询成果一、二等奖

城市建设研究院园林专业院园林二所所长助理，高级工程师，城市规划与设计（含风景园林）学博士，《风景园林》特约编辑，《世界园林》编辑。
2007 年中华全国工商业联合会房地产商会“精瑞住宅科学技术奖”规划设计类优秀奖
2010 年“北京园林绿化”征文优秀论文奖
2013 年北京市优秀城乡规划设计评选三等奖

城市建设研究院园林专业院园林二所，工程师
2011 年度第一届中国风景园林学会优秀风景园林规划设计三等奖
2012 年北京市第十六届优秀工程设计三等奖

城市建设研究院园林专业院园林二所，高级工程师
2013 年北京市优秀工程咨询成果一等奖
2009 年北京市第十四届优秀工程设计评选三等奖
2011 年第一届中国风景园林学会优秀风景园林规划设计奖三等奖
2012 年北京市第十六届优秀工程设计评选三等奖
2013 年北京市优秀城乡规划设计评选三等奖

城市建设研究院照明工作室主任，高级照明设计师
中国照明学会咨询工作委员会照明设计师交流中心第一届委员
飞利浦新锐照明设计师
北京照明学会第八届科普教育工作委员会会员

COL: 近些年来，景观行业正经历迅猛发展期，那么现代的设计师如何在快节奏的工作中认知现场，体会设计，得到提升呢？

邱亚鹏：现在很多设计师在做设计的时候，无论是设计手法还是设计思维，或者设计形式的表达，都是比较不错的，甚至不比境外优秀设计项目的建成效果差。但是我们应该逐渐认识到一个问题，即一个项目设计的好坏，并不单单是形式的问题，我们必须能够把握住设计本身之外的东西，以及它会给我们带来何种影响，业主在使用时会产生什么问题，应该采用什么样的方式方法来解决，这都是设计人员要充分考虑的，但是如何探索解决方案的过程对于设计人员才

是最重要的，它能够帮助设计人员迅速成熟。

除了具体的设计细节，设计人员还必须思考作为中国人，在现场设计时应该怎样使用中国的方式方法进行思考，如何使得设计出的园林景观效果更加原汁原味或者说贴近实际。在这方面，我们老祖宗就做得很好，现在尽管我们有各种各样的设计手法，在如何使得园林景观与自然融合方面，我们却远不及他们，当然这不是要让我们的设计都以古典园林的方式表达出来。所以尽管古人的设计方法很简单，但是设计哲学不简单，我们现在的设计领域缺少的正是这种哲学高度。

前段时间有幸参加了中国建筑设计研究院崔恺大师“以土为本”的主题讲座。给我最大的启发便是要充分地尊重场地的基本因素。但是我们现在的设计师大多乐于追求西方现代设计手法，如何沿承中国传统设计哲学，如何将其融入到现代设计实践中，做出既有中国特色又贴合场地特征的设计，这就要求设计师在工作中的多思考和领悟。毕竟，设计师追求的不该是具体的设计手法，而是更高的设计境界。

COL：设计人员如果能够对设计境界有所追求自然是好事，那项目的施工方应该怎样，您觉得它们对设计师会有何种影响?

邱亚鹏：有经验的施工人员比设计师对施工过程有着更加直接的理解，尤其是施工方的

郎 婧

城市建设研究院园林专业院园林二所，工程师
2013年北京市优秀工程咨询成果一等奖

何广美

城市建设研究院园林专业院园林二所，工程师
2013年北京市优秀工程咨询成果一等奖
2013年北京市优秀城乡规划设计评选三等奖

李 景

城市建设研究院园林专业院园林二所，工程师
2012年中国建筑设计研究院优秀设计奖二等奖

柴 娜

城市建设研究院园林专业院园林二所，设计师
2013年度北京市优秀城乡规划设计评选三等奖

王 熊

城市建设研究院园林专业院园林二所，设计师
2012年中国建筑设计研究院优秀设计奖二等奖
2013年北京市优秀工程咨询成果二等奖

苏晓龙

城市建设研究院园林专业院园林二所，设计师
2012年中国建筑设计研究院优秀设计奖二等奖

滕依辰

城市建设研究院园林专业院园林二所，设计师

南通市通州区南山公园

The China Urban Construction Design and Research Institute Salon

滁州市清流河两岸景观工程

技术或专项负责人。对于设计方案的最终效果，他们往往有较多的领悟，而且比设计师看问题要更加具象和敏锐。任何一张设计图纸在他们看过之后，就可以很快构思出具体实施过程，包括材料选择、工艺工序，以及具体环节可能出现的问题，最终如何达到设计效果等。因此，要想保证现场设计探讨取得较好的成效，施工技术负责人的参与至关重要。

现在许多项目往往工期较紧，设计工作刚完成，施工就紧接着开始了。于是，施工人员在拿到图的短时间内只能对项目有个基本了解，不可避免实施中还会遇到各种问题。所以有经验的施工方通常都会提前进行实际施工的工序安排，根据具体的施工步骤仔细研读图纸，遇到问题后马上反馈给设计师，对该问题进行预判，如此才能保证在现场的施工顺利进行。而且这种工作流程也可以保证塑造出较好的设计效果，以免返工。

与施工现场的负责人和施工人员保持良好的沟通是项目能够顺利进行的关键。当然这取决于设计师要把自己的心态摆正，不要怕别人揣测的设计思想和理念，甚至自己的设计方案被别人超越的可能。设计方案是大家交流的媒介，与别人交流可以使方案更加完整。如果设计图纸交底的时候，施工人员没有提出任何异议和问题，那才是真正的问题。没有问题可能是因为他们没有看懂我们的设计图、或者没有考虑到设计方案具体细节、或者没有考虑自己的施工环节、无论哪种情况，都有可能会让建成效果偏离我们前期的预想，这是要不得的。

沟通技巧是设计师必备要素，作为设计师不仅要敢于口头和书面表达自己的设计思想和理念，更要准确传达出设计方案的内涵。

南通市通州区南山公园

还必须考虑另外一个重要因素，即项目参与人员的分工问题。我认为整个项目的分工不宜太细化，前期方案与后期具体施工过程之间肯定会不断地发生一些碰撞与摩擦，如果把方案设计人员与施工图设计人员拆分的太细，将不能把整个设计思路持续下去。设计方案合不合理，如何对现场的条件进行有效地利用，都不是任何一方可以决定的。若想把项目的设计理念坚持下去，就必须使整个项目的所有过程处于同一组人员的控制之下，如此才能使整个项目的所有环节不会出现脱节。毕竟对于园林工程来说，可变因素实在太多了。

COL：那么，从方案到施工图设计，每个阶段的工作中，如何充分利用现场设计的机会提升设计质量呢?

赵彩君：方案设计阶段对现场的理解是确定方案的重要依据。现在我们与业主讨论方案的时候经常被问道，“方案的特色在哪里？”事实上这是一个让业主和设计师共同困扰的问题。快节奏的城市建设，模式化的规划语言，园林形式的生搬硬套，都是造成场地特色丢失的原因。“现场设计”似乎是解决这一问题的救命草。

在摄影行业有这样一句话，“如果你拍不出好的照片，说明你离的还不够近”，我觉得这其中有物理的距离，也有心灵的距离。返回头来看风景园林设计，我想应该是同样的道理。但是，对于园林项目来说，对现场认识除了要“离得够近”，还得“看的够远”，两个层面。

“离得够近”。怎么才是合格的现场勘查，详细程度和勘查对象的种类因场地大小和现状情况而异，目前也没有一个规范。单就国内外比较而言，我觉得国外有些项目的现场勘查的确要更加深入和专业。出于对场地生态的保护，设计师甚至会关注现状场地内的鸟类、昆虫和微生物等，咱们的设计人员目前还没有达到这个层次。例如在澳大利亚，为保护生物多样性，在挡土墙设计必须进行精确的测量和计算，并考虑最大限度的减少工程对原生土壤的破坏。因为它们一旦被破坏，土壤中的某些微生物也会同样受损，从而可能导致生态失衡。我们在生态环境保护方面往往只是停留在理念阶段，就这一点来说，我们行业还存在很大的提升空间。

“看得够远”。现场可以是狭义的指某个场地内的状况，也可以是广义的，包括场地周边，及其所在的城市和区域。每一块场地和周边都有着有形和无形的联系，每一处园林工程都将是城市景观的一部分，因此，设计师应该把眼光放远，把城市自然、人文景观要素，现有景观体系等等都看作重要设计依据，在大环境背景下对场地进行准确定位。

COL: 为了使项目的营建过程更加流畅，就要把设计的基本理念贯穿始终。当设计人员把规划方案与现场进行对比发现两者不相符的时候，一般都是如何处理的?

就像我们看一些大师，或是某些艺术流派的新锐设计，如果没有解释我们根本看不懂，勉强看懂也不能真正理解，因为有很多内涵的东西是不能简单地推测的。为了更好地完成现场设计和项目施工，作为设计师必须要把自己的方案解释清楚，要敢于表达，当然也要注意表达技巧。

COL：如此说来，那依照项目现场进行设计才是设计人员应该掌握的不二法宝?

李慧生：我认为现场设计应该是贯穿设计全过程。大家一般会认为，我们在做项目的时候，通过去现场进行勘探或考察，捕捉一些设计灵感，然后设计一套方案交付给施工单位，由其到项目场地进行施工，然而，事实并非如此。

为了保证现场设计能够很好地贯穿下去，

苏州工业园区白塘植物公园

李永明：严格地说，对于任何项目而言，前期的规划方案和施工图设计只是整个项目的初始阶段，后期的具体施工才是项目的真正开始。现在每个项目都需要设计驻场，因为任何项目都是持续进行的，前期的设计方案再好，具体施工人员如果没有很好地理解设计理念，还是会导致过程脱节的现象。因此，设计人员能够清楚地表达出自己的设计意图真的很重要，但后期与甲方、施工队、监理之间的交流，以及根据各方的意见或建议对方案进行适当的调整更重要。解决这个问题只能靠设计师经常驻场设计，与项目各方加强沟通，及时对每天的施工情况进行监督和指导。

柴娜：如何才能做出较为上乘的园林作品，其一是根据施工现场策划出因地制宜的方案，其二便是把这个方案的设计理念或设计原则贯穿始终。如果把这两点做到了，无论后期对方案如何进行调整，都不会太影响作品的质量。毕竟现场才是进行设计时所依靠的母体，也是调整设计方案时依照的参照标准，最好的设计原则或者设计理念便是自然生长，即设计在符合客观现状的基础上留下足够的弹性空间进行更改，如此设计才不会与现状相差甚远。

苏晓龙：关于设计驻场，想清楚“去之前准备什么”和“去之后做什么”比较重要。在去现场之前，要对项目的大环境进行重新认识，包括气候、地质地貌、风俗文化等，他们都可能对施工环节有影响。到现场之后，便是根据现场的具体条件对后期交底的施工图进行调整，然后与建设方以及施工单位交流，尽量在保证设计理念的前提下，对具体问题进行微调。另外，园林景观项目的特点是以植物为主体，而植物无论在施工图上如何排列，还只是停留在二维层面，没有实际的立体效果，所以植物如何搭配只有在现场才能解决。

COL：您的观点是在施工图交底之前尽量把所有的准备工作进行详尽的分析吗？

李景：另外，作为设计师，在重要的进度节点上，要能够有效把控施工质量，尤其是施工前的交底和施工中的重要工序节点。比如我们有个中轴对称式园林项目，施工图中对坐标体系和轴线坐标进行了精确描述。但施工方却没有按照施工图中标注的方法来放线，导致轴线中心位置偏差5米，直接影响了视线轴的贯通。所以，如果想取得理想的景观设计效果，设计师在没法一直驻场的情况下必须要控制好关键时间节点上的施工效果。

COL：那如何才能避免这种施工差错的产生，毕竟园林项目改动起来比较困难？

郎婧：对于项目后期施工时出现的各种问题，我认为问题也可能出现在施工图绘制阶段。任何项目最终都是由施工人员来营建并最终落成，如果设计人员在绘图时把施工人员也考虑在内，对其做前期预案是有帮助的。因为这可以使得设计人员仔细地考虑构图应该从哪里入手，放线图如何绘制，甚至如何选择项目的施工材料，具体的施工过程会对项目的最终效果产生怎样的影响，若把这些细节全部思考一遍，必然会使项目建造时更加顺利。当然这都需要长期设计驻场的工作积累，而不是单单通过概念就可以理解和掌握的。另外，园林项目涉及多个专项，是整体的、立体的，这就需要专项设计人员除了做好自己工作，更要加强交流和配合，从整体层面思考自己做的专项。

COL：我们谈论现场设计的很多问题，究竟哪个问题才是进行现场设计最难破解的症结所在呢？

姜娜：我觉得现场设计里面最难的就是对现场状况的把握，现在很多设计人员都是学院派，往往更习惯于看地形图并进行设计，却对现场把握不住。而设计人员首先要具备的能力便是对现场的把控能力，当然这需要长期的经验积累才能逐步提升。在对现场有足够掌控能

Changes in Site Conditions, but I
The China Urban Construction D

苏州市工业园区白塘植物公园

南通市通州区南山公园

Codes Never Change
and Research Institute Salon

力的基础上，还有一点必须加以注意，那便是对现场的尊重。以水文因素为例，在水源稀缺的地方，设计大型水塘，不仅费时费工，还会造成对原始环境的破坏，因此对现状的尊重和延续是重要的设计原则之一。

COL：任何宏观的项目设计都必须由繁琐的细节组合而成，那么如何才能使得项目的各个细节更好的衔接起来呢?

腾依辰：在施工过程中，植物的现场设计需要注意细节。例如，号苗时可根据场地情况适当选择一些树型奇特的植物，增加景观趣味，避免过于整齐而显得呆板。另外，我们还可以在实施工程中对重要节点进行提升，如点景树的选择，还有根据置石布置自然花境等，使亮点更加突出。总之，对于植物景观的现场设计，我们一定要引起足够的重视，前期通过现场设计来把控植被风貌和树种，后期通过现场设计来增加细节和亮点。

崔晓光：我负责城市亮化（灯光）设计工作。这是个新兴行业，国内2000年之后才开始兴起的，所以我们在与其他行业的设计人员进行沟通时，遇到的问题会相对的少很多，尤其是在与甲方进行沟通的时候。甲方很多时候会刻意追求一些新颖的东西，而灯光恰恰很好地满足了这一点，所以基本上我们只要把方案做好了，甲方就会欣然接受。而问题在于甲方在接受的时候，没有去考虑这个方案营造的效果是美还是不美，出于对项目的负责和职业操守，很多时候我都会对甲方进行讲解，引导甲方的审美趋向，引导他对灯光行业的重视以及对灯光美感的追求。所以任何细节的衔接若想取得好的效果，有效的沟通很重要，但是在出于对项目认真负责态度的基础上，进行善意的引导更重要。

COL：对于设计师来说，甲方的意图和真正使用者的诉求是不一致的，设计师怎样才能尽可能的把两者的想法协调到同一个项目里面?

何广美：这个问题要辩证地看，对于甲方而言，他们的确会更看重一些大院的看法，但是普通设计师也有自己的方法。任何被设计出来的项目方案，都不是供设计师和甲方使用的，而是给居民使用的。好的设计师，除了要能够很好地把握住现场的状况，还必须考虑到具体使用者的一些情况，在与甲方或领导进行沟通时，还必须是一个优秀的辩论家才行。怎么才能说服他人接受我们的设计方案，并且按照我们的设计思路把项目的设计理念渗透在具体的施工过程之中，这对于一个设计人员来说是必须要仔细思考的问题。

COL：在施工过程中需要现场设计的情况有多种，有没有一些是属于突发状况?

王熊：有的，例如自然灾害，施工现场可能受台风、洪涝、干旱、地震、泥石流、酸雨等自然灾害的影响。如东南沿海地区常遭遇台风袭击，在场地排水系统尚未构建的情况下，如果遇到台风，那么如何处理应对台风搭设的临时截水沟，或者能否将其整合到排水系统中就是现场设计需要解决的问题。除此之外，还有酸雨对构筑物建设、水源选择和土方工程的影响；甚至一天中天气变化对施工质量的影响，如沥青路面铺设等。这些都是设计中难以预料，但施工中可能碰到的情形，因此，自然灾害和天气变化对现场设计提出了更高的要求，需要设计人员根据情况及时防范和解决，避免造成建成效果降低和返工的后果。

COL：各位设计师对现场设计的见解真是字字珠玑，值得很多设计师借鉴和学习。真心期待与诸位还有更多的交流与探讨的机会。

LANDSCAPE

黄吉：漫谈景观，倾听他的另一种声音

Huang Ji: Talk About the Landscape, Listen to a Different View

黄 吉

毕业于上海同济大学，美国景观建筑师协会 ASLA

杭州神工景观设计有限公司：总经理 / 高级工程师

临安“青山湖公园”项目获美国 200 年俄亥俄州景观设计“优胜奖”（与美国 POD 公司合作）

第三届国际园林景观规划设计大赛“艾景奖”

COL：黄先生您好，当前我国的城市景观在一片繁荣的背后潜伏着地域性和文化性丧失的严重问题，您是如何看待这种城市景观设计中的文化失语现象的?

黄吉：确实我也认为，我国的城市景观存在着地域性缺失的问题，但我倒不认为有文化性缺失的问题，而反映的现实恰恰是现有的社会文化潮流，实际上，任何的牵涉美学、人类主观意向的实践活动多多少少受当时社会文化潮流的影响。因为文化大革命的文化灭绝性灾难，又经过 30 余年的开放引进，现在中国的文化土壤是一块五彩纷呈、酸碱混杂的奇异土壤，在主流积极向上的同时，也诞生了很多快餐文化、享乐文化、奢侈文化，体现在景观建设上就是财政投资的形象工程、面子工程、开发商的卖点、亮点工程，只图视觉感官一时的美观，而忽略了景观建设真正的内涵。

最近一段时间的宏观调控对整体的经济发展是非常必要的，而景观建设行业也正好应该借此机会稍稍放慢脚步，进行多个层面有深度有广度的反思和研讨。

因地制宜、因时制宜，上千年传统文化实际早已提出了景观建设的根本所在，每个项目的地理环境、客观条件、服务人群都是不同的，只有把这些千丝万缕的客观因素，调研分析透彻了，才能有一个站得住脚的设计方案，有一个只有此时放在此地最合适的建设方案，这也正是项目具有地方特色、时代特色的根本所在。

COL：道路景观既是城市景观的重要组成部分，又颇具自己的特色，而且内部也可以根据道路类型的不同进行二次划分，既要坚持道路景观的视觉特性又要遵守使用者的行为规律，采取何种措施才能使两者尽量和谐?

LANDSCAPE

黄吉：身在杭州，我很为杭州西湖边的道路景观而自豪，尤其是西湖南边的南山路，两边的法国梧桐行道树，经过五十余年的生长，夏天围搭成荫，挡炎炎烈日，冬天落叶无挡，行人尽享冬日暖阳，两边延展出去，又有精心配置的植物群落，一年四季有景可观，有花可赏。道路景观是城市景观的重要组成部分，总体来说，要充分考虑多类人群的不同需要。从功能分类上讲，道路景观有挡风降尘的功能，有遮阳蔽雨的功能，有造景美化的功能，而其中的几种功能又往往是相互矛盾的，这就需要设计者充分调研慎重取舍，而其中的把握正体现了设计师的敬业态度和专业水准。举个简单的例子，城市快速干道，可适当采用常绿的行道树，因为路幅宽，行人少。而商业街则尽量少用常绿乔木做行道树，因为中国大部分地区，冬天的太阳是非常宝贵的，常绿乔木假以时日，在冬天遮天蔽日会形成绿化灾难的。

COL：如果我们把地标景观看成是事实的名片，那么居住区观一定是支持城市特色的底蕴，但对于有着悠久历史的文明古国，如何才能把古典风格的园林意境广泛地运用到现在居住景观的设计中？

黄吉：中国古典园林分为三大类，以苏州园林为代表的私家园林，以北京颐和园为代表的皇家园林，以诸多名山古寺为代表的寺院园林，其中任何一类跟现在的居住景观都在用地规格、功能需求、服务对象以及其他多个层面都有了根本的不同。但是几百年来积累下来古典园林的园林意境和营造手法，其中蕴含了先人很多宝贵的经验跟智慧。现代景观建设中许多棘手的难题和困难往往

Talk About
the Landscape,
Listen to a Different View

在古典园林中能找到很好的启发，甚至是直接的解决方案。比如植物造景的单调、雷同，是景观设计师经常面临的难题，而在扬州的个园中，同样的植物素材，被设计师按照春、夏、秋、冬四季分区布置，再配以不同的景石堆叠以竹石为春、湖石为夏、黄石为秋、宣石为冬，从而形成别有情趣的四季植物景观。再比如，居住区景观建设中，成本控制居高不下是个大难题，回头来看，中国传统的古典园林，在这方面确实有很多值得今人学习的地方，单纯从铺地材料来讲，传统园林中很多用的是碎瓷片、碎缸片，废物利用变废为宝。而现代所用的材料都是规规矩矩的切割出来的，剩下来的边料都一扔了之，一方面浪费原材料，不符合现在生态环保的主题，另一方面刻板划一的材料又显得呆板、单调，缺乏审美情趣。

社区居民对景观的需求实际上是景观设计的目的和宗旨，设计师必须满足服务人群的需求为目的。但是，现实的设计建设过程中这一点往往被忽视或者是被严重的误导了。首先，现在社区景观建设的主体是开发

商，而中国的房产销售形式主要是以期房销售为主。为了多销、快销，开发商往往更注重的是出形象、抓亮点，以卓尔不群来标榜高档、尊贵和奢侈，而这一点在很多楼盘的样板房的景观建设中表现得淋漓尽致。其次，从现有的社区景观设计的主体来说，主要以30-40岁年龄阶层的年轻设计师为主，他们也缺少更多的人生角色体验，比如说中年、老人的生活需求和体验。春夏秋冬、阴晴雨雪不同气候条件下小区内活动人群的活动和需求，所以现在居住区景观更多的是考虑了好看而严重缺失了好用这一根本作用。从发达国家如美国、日本、欧洲国家的社区景观建设来看，他们的亮点、创意远远没有中国的多，但是经过合理的设计、精心的实施，他们的社区到处体现着人性的关怀，小孩有大量的活动场地、老人有悠闲的休息场所，锻炼的有跑步环道，而且合理的设计保证着社区的景观效果会越来越好，且不像国内有些豪宅的景观建设，过于密植的植物配置刚一建成就有了亮丽的轰动效应，而假以时日，再过一年三载，社区里面本来狭小的空间已经大树密布、绿化成灾，花费了大量的人力、物力、财力，经过了宝贵的时间却形成了景观灾难。

COL：中国南北气候差异较大，一方面北方城市的景观很难维护，另一方面地产商又在肆意地营造景观，对于景观设计的这种反生态现象，您是如何看待的，有什么措施可以扭转这种畸形发展的态势？

黄吉：北方城市营造景观不是坏事，不能一概斥之为违反生态的现象，问题是怎么营造，像某些开发商把棕榈科植物违背生态习性强行移植，这就是问题了。南方有南方的生态环境，北方有北方的生态环境。为了标新立异，又有资金的充裕保障，南树北移或者北树南移，偶尔为之也未尝不可，但这些终究是企业的个别商业行为，不能成为景观建设的趋势和方向。

COL：最后再谈论下厂区景观的问题，以您的行业经验来看，厂区景观今后会呈现出一种怎样的发展态势，设计师应该做好哪些准备？

黄吉：一直感觉，发达国家的现在是我们的未来，厂区花园化、厂区广场化都不是真正的方向，生态化、环保化，应该才是我们的方向。在解决功能需求的前提下，能尽力恢复到建成前未被破坏的生态环境，应该是最高境界的景观建设，换言之，真正好的厂区应该就是在美好的自然环境里布置了几座车间，库房和办公楼，仅此而已。

于志光

于志光 博士，武汉市中创环亚建筑景观设计工程有限公司总经理，武汉市建委专家库专家，武汉大学城市设计学院外聘硕士导师，武汉大学基建管理部顾问专家。

于志光博士具备多专业的知识背景，拥有20多年的设计工作经验，具备武汉大学城市规划学士学位、上海同济大学建筑学硕士学位，2008年于武汉大学城市设计学院取得博士研究生学位，主要研究城市景观、城市形态方向。出版35万字的城市景观研究专著《武汉城市空间营造研究》（北京建筑工业出版社2011年出版）。曾经在武汉市住宅统建办公室（现地产集团）从事近12年的房地产开发工作，现供职于武汉中创环亚建筑景观设计公司，主要从事都市景观、都市空间形态、景观设计、景观建筑等研究与设计工作。他会从多专业立场、客户立场、以及使用者需求立场为个案提供问题、意见、构想以及解决问题之道。

DESIGN

于志光：设计是脚踏实地，不是灵光一现

Yu Zhiguang: Design Need to Work Hard, Rather than Transient Inspiration

COL：设计中，您从哪里获得灵感？项目前期的现场勘查阶段对整个项目有什么样的影响？

于志光：灵感从哪里来？这是个大问题，也不仅仅是景观规划设计师的问题。"灵"的造字源于大旱之时，巫师念念有词地祭祷求雨。有的金文加"示"写成，强调祭祀求雨；有的加"玉"写成，表示用玉器祭祀；有的加"心"写成，表示求雨极尽虔诚；感就是感动、感觉、不可说、不可言。灵感不是某种物质化的存在，可以理解为某种力量——能量，解决问题的能量。能量的问题就是大问题，所以灵感从哪里来？其实是怎么积聚能量的问题。

设计是脚踏实地、不是灵光一现。有虔诚的心念、至善的动机。凡是功利之念一动，灵感也就熄灭了。所以，我是主张有修为的，修身养性、文化底蕴、都是必须的储备，画界朋友戏言：提起画笔，想到这副画要值多少钱，这画就少了灵气、多了匠心。所以无他、没有捷径。

Design Need to Work Hard, Rather than Transient Inspiration

作为设计师，还不完全等同于艺术创作，设计是理性感性的交织。发现问题、解决问题逻辑的整合，所以，设计不等同于灵光一现。

COL：在现场勘查阶段，所获取的资料以及勾勒出的方案轮廓，到最后呈现方案的时候有没有很大的不同？

于志光：场地提供了关于环境认知的线索——内在和外在的形式之间——隐含着某种秩序。设计师的首要设计活动就是不断训练和发现这种秩序开始，并重构这种秩序。所以，如果经验和场地信息被充分解码，那么内在的联系首先是某种恒定的约束、形式自然也会生成。因此、设计的成果有时是某种发现的结果。

COL：从一定意义上来说，人是决定项目成败的关键，所有的项目均是通过人将材料组织而创造出来的，这个跟公司的人员管理是密不可分的，你们是怎样去管理这样一支队伍的？您最满意的员工应该是什么样的？另外，作为一名打工人员要怎么样才能成为一名成功的老板？

于志光：据我了解，设计公司大体上会分为两种：一种属于生产线型、另一种属于事务所型，前一种毫无疑问会根据产品生成过程程序化、相应管理和职业技能要求也进行了程序化；后一种更接近传统的师徒关系——在研磨中生成作品、并培训人才。对应的员工个人的素质、积极性、对事业的热爱程度、信念、勤奋应是不可或缺的要素。“作为一名打工人员要怎么样才能成为一名成功的老板？”这本身可能就是个充满诱惑的伪

Design Need to Work Hard,
Rather than Transient Inspiration

命题，没有谁会随随便便成功、即使所谓的成功也不等同于“老板”。关键取决于我们怎样定义“成功”。如果勉强回答的话可能是“天道酬勤、一切自有天意”。

COL：作为一个现场设计师经常需要协调各方面的工作，比如：设计方、施工方、业主方等，还需要跟踪施工进度，在这个环节你们如何做到各方都达成一致的呢？

于志光：在当下的中国语境中——我愿意把上述问题理解为一个关于三方目标离散度的问题——既有技术、管理条件、投资约束等客观约束、也有主观的各方人为等复杂因素。作为设计方首先，要摆正我们作为服务者和协调者的角色，积极发现现场问题、积极提出解决问题的对策、积极协助施工方处理现场问题而不是简单推卸责任。第二，驻场设计师必须具备积极和有效的沟通能力，理性和冷静分析问题的能力，我们的专业能力必须能驾驭现场出现的任何复杂局面、而不是把问题简单推给业主或者施工方、这才是取信于业主、施工方并能很好地取得三方工作目标一致性的关键。第三，作为景观设计的行业特征、应树立现场才是第一战场、办公室并不能决定一切的观念。

王南希

荷兰 NITA 设计集团第一设计院北京所所长，主持和参与了 NITA 数十项较大的国际国内城市规划与景观设计项目，其中包括“2015 年米兰世博会中国馆设计”、“松江新城国际生态商务区中心广场概念景观设计”、“松江新城五龙湖及新开环河景观设计”、“常熟昆承湖东岸南部新城核心区景观规划”等项目。

王南希：灵感来自多方，沟通是关键

INSPIRATION

Wang Nanxi: Inspiration Comes From Aspects, Communication is the Key

COL：设计中，您从哪里获得灵感？项目前期的现场勘查阶段对整个项目有什么样的影响？

王南希：获得灵感的地方很多，从书籍中、从专业网站上、从旅游中、从当地的文化等。影响很大，不了解现状怎么可能设计一个为现场服务的设计呢？现状的地形、水系、土壤等都对后期的设计有着至关重要的影响。

COL：在现场勘查阶段，所获取的资料以及勾勒出的方案轮廓，在最后呈现方案的时候有没有很大的不同？

王南希：当然会有改变，但是具体还是要根据现状来判断的。有些是要尊重场地记忆，在符合设计意图的情况下将现有场地有所优化。有些是根据设计意图做大的改变，但也要在现状的允许下进行改变。

COL：从一定意义上来说，人是决定项目成败的关键。所有的项目均是通过人将材料组织而创造出来的，这个跟公司的人员管理是密不可分的，你们是怎样去管理这样一支队伍的？

王南希：应该让每个员工都有主人翁意识，具备责任感。要设计师明白设计为什么，为谁设计，谁来使用。还要让设计师多参加一些培训，多外出考察，切身体会设计给人们带来的方便和快乐，这样才能设计出更好的方案。

我想每个领导都喜欢聪明，反应快，好学，做事情喜欢动脑子的员工。

首先，管理好自己的小团队，学会管理的艺术；其次，明确自己的目标，不断的积累；最好，当机会来的时候能够很好的把握住机会。

COL：作为一个现场设计师经常需要协调各方面的工作，比如：设计方、施工方、业主方等，在这个环节你们如何做到各方都达成一致的呢。

王南希：沟通是关键，要多跟业主方和施工方沟通，应正确的引导他们，确保达到一定的共识，形成相应的书面文件。冷静并心平气和地对待问题，认真处理每一个问题，讨论出解决问题的办法，从而达成一致。

INSPIRATION

张挺

毕业于中国美术学院环境艺术系。现任泛华易盛景观设计机构担任运营总监。

有着丰富的景观设计项目操作经验，特别是地产项目景观设计，在业内有较高的评价，与国内多个品牌开发商保持良好的合作关系，其作品多次获得浙江省及全国性的奖项！

EMPLOYEES

张挺：人是设计公司最大的资产

Zhang Ting: Employees are the Most Important Asset of the Design Work

COL：设计中，您从哪里获得灵感？项目前期的现场勘查阶段对整个项目有什么样的影响？

张挺：设计中的灵感来源是多样的。每个项目有不同的场地环境、不同的文化氛围、不同的气候特点，也就是每个项目都是独一无二的。那么项目设计的灵感来源也不局限于某一处，项目前期的现场勘查是非常重要的，尊重场地环境一直是我们的基本设计理

EMPLOYEES

念，是一个设计的基础。对于原有场地的土壤、山体、水塘、植物等我们都会做一个详细的记录，并以之做为我们设计时重要的参考点。当然场地的勘查也包含当地区域的环境，植物生长习惯、民族习惯、文脉传承等所有可能影响设计的内容。

COL：在现场勘查阶段，所获取的资料以及勾勒出的方案轮廓，在最后呈现方案的时候有没有很大的不同?

张挺：当然有不同。前期所获得的资料，及勾勒的轮廓是一种在第一印象下的一种方案体现。这个时候的方案是不完善的。我们目前的项目操作需要不同的工种共同参与，通过多轮的项目讨论会不断完善方案。同时方案还会受到业主单位、政府部门的不同程度的影响。

COL：从一定意义上来说，人是决定项目成败的关键。所有的项目均是通过人将材

Employees are the Most Important Asset of the Design Work

Employees are the Most Important Asset of the Design Work

料组织而创造出来的。这个跟公司的人员管理是密不可分的， 你们是怎样去管理这样一支队伍的?

张挺：人是设计公司最大的资产，也是设计作品从诞生到落地的操作者。所以在泛华易盛，我们一直强调人的重要性及团队的重要性，我们更希望是以团队的方式去操作项目。我们通过月度考核，年度考核来提高员工积极性，并对项目实施定期的讨论会模式来提升项目设计质量，通过各个阶段工作内容的细化考核来完善出图的质量。员工的工作态度是我们所看中的第一位的。

COL：您最满意的员工应该是什么样的? 另外，什么样的员工才是老板心目中合格的员工?

张挺：一个员工有积极的心态，有不断学习及自我学习的能力，始终能从公司角度出发来考虑问题的员工，就是我心目中合格的员工。

COL：作为一个现场设计师经常需要协调各方面的工作，比如：设计方、 施工方业主方等还需要跟踪施工进度，在这个环节你们如何做到各方都达成一致的呢?

张挺：这个工作确实很难，因为每个方面都有不同诉求。当然我们首先在项目操作时一直就在与业主方讨论来寻求一种目标效果的一致性。并通过方案，施工图的表现形式将设计成果尽可能细致地表达到位。同时强化施工现场的服务次数与质量，尽可能将问题解决在施工的过程当中。

张 昕

加拿大KLF建筑事务所中国合伙人。2003年毕业于哈尔滨工业大学，建筑学学士学位，具有多种专业和学术背景，对研究尖端科技与创新建筑设计甚感兴趣。从城市设计到建筑细节，所涉猎的设计活动范围甚为广泛。在不同的建筑尺度上，能够构思和实践协调性的设计理念，以创新和别具风格的设计意念作依归。

张 昕：
生活是建筑师最好的**老师**

Zhang Xin: Life id the Best Teacher of Architects

COL：设计中，您从哪里获得灵感？项目前期的现场勘查阶段对整个项目有什么样的影响？

张昕：灵感的来源，我想首先，应该是个人的文化修养吧，建筑师的品味直接影响着作品的层次。一个优秀的建筑师应该广泛地涉猎各方面的知识，历史、地理、哲学、IT技术……这种有意识的积累是十分必要的，可以逐步提升对于“美”的理解及诠释，最后体现在建筑师的个人作品之中。

ARCHITECTS

其次，我想生活是我设计灵感的另外一个重要的来源，生活于城市或乡村之中的人的行为模式从某种程度上左右了设计的发展方向，从古至今均是如此。生活中的每个事物，都有可能成为我设计的来源，某座桥梁、某块石头……都会触发一个灵感。曾经有幸与隈研吾大师当面交流过，他的很多作品就是来源于生活，他提到一块砖、一片瓦、甚至是石榴籽的排列形式都发展成了他的一个个精品。所以说，生活是建筑师最好的老师。

项目前期的现场勘查，我们行话叫做——踏勘。这个词很形象的描述了这个行为，踏，就是需要建筑师一步一步地走遍项目用地的各个重要的角落。空间感受、尺度、高差、环境等各类参数都在这一步一踏之中了然于心了。这些第一时间的感受都影响了作品的设计结果，可以说，现场勘查阶段是设计中必不可少的重要步骤。

COL: 在现场勘查阶段，所获取的资料以及勾勒出的方案轮廓，在最后呈现方案的时候有没有很大的不同?

张昕：现场勘查阶段所构思的方案，在最后呈现的时候其实有两种结果。

第一种，在国内设计市场的大环境影响下，导致了最终成果与现场勘查阶段构思的方案有着巨大的差异。这种情况是由多方面因素造成的，首先，是由于该设计院或事务所手头上堆积了大量的项目，现场踏勘就不得不在很短时间内完成，非常仓促，项目的很多问题没有透彻分析过，并不是带着问题去考察现场的，故而当时构思的方案有着这样那样的不足。不过，随着对于项目不断深入地分析、不断地修改完善，最终的成果必然会与现场勘查阶段的思路有所不同。其次，还有一种可能，就是项目的业主或者某位地方政府领导的个人喜好左右了设计的发展方向。比如，根据现场勘查的分析，决定该作品应该是圆形的，但是由于某位领导在国外看到过一个方形的建筑很是喜欢，偏要按照他拍的照片，原样复制一个，他才罢休。这时，建筑师往往是很无奈的。但是这种情况应该

是我国经济社会发展阶段造成的。未来，当所有人的素质及文化修养都提升到一定层次时，人们也会更多地倾听建筑师的专业意见，也会尊重设计师的辛勤劳动成果。

另外一种情况比较少见，最初勾勒的方案得到了最大程度的实现。从某种程度看，需要天时地利人和。所谓天时地利，就是该项目的整个设计要求及所处空间环境利于建筑师创作出一个精品，所谓人和，就是建筑师的理念得到了业主的充分认可与尊重，而且愿意从财力及时间上去配合建筑师实现这个作品。迄今为止，这种情况我只碰到过一次，希望这种项目会越来越多。

COL：从一定意义上说，人是决定项目成败的关键。所有的项目均是通过人将材料组织而创造的。这个与公司的人员管理是密不可分的， 你们是怎样去领导这样一支队伍的?

张昕：建筑设计是一种创造性很强的工作，不同于普通的重复性的劳动，所以设计公司的管理也是有很大的特殊性的。每位设计师都是公司最重要的资产，我倾向于培养一种共同的价值观，让所有的人都感觉是被信赖的、被尊重的，而且有着明确的成长和发展空间。公司的员工分为若干小组，每个小组都可以独立完成项目，各个小组之间形成良性的竞争，我也充分授权于这些小组的负责人，让他们享有必要的权利和自由度，

Life id the Best Teacher of Architects

勇于面对富有挑战性的项目。

COL：您最满意的员工应该是什么样的? 另外，作为一名打工人员要怎么样才能成为一名成功的老板?

张昕：我青睐把设计工作当做一种终生的事业来看待的员工。说白了，将来他们都是要行走在设计江湖的，靠的就是不断进取的信念与扎实的能力，再加上一点设计的天赋。

如果要去创业，我的意见仍然是需要天时地利人和。在打工的阶段就要提高自己的创业能力，结识自己创业的伙伴，获得创业

的一些资源（包括人脉资源），所有的人，只要有能力、有经历、靠着自己的聪明才智，就有机会获得成功。不要觉得目前仅仅是为公司在打工，更多的是积累经验，认真的做好该做的事情，甚至要做到一些公司没有让你做的事情，为公司做出贡献的同时，你也是最大的受益者，因为你得到了锻炼，能力提高了。

COL: 作为一个现场设计师经常需要协调各方面的工作，比如：设计方、施工方、业主方等，还需要跟踪施工进度，在这个环节你们如何做到各方都达成一致的呢。

张昕：首先应该是充分的沟通，每个方面的技术管理人员，对于其他专业的专业工作和技术、质量要求都要了解和掌握，新材料、新技术、新工艺，都要及时的交流，及时的协调。力图按照规范要求做好每个步骤的工作，这样就从管理上、技术上和交叉的各个专业的多个层面达到了步调一致。

接下来就是多角度的协调，在项目启动之初确立各方面的职责和范围，健全整个项目的管理制度，通过有效的协调机制解决施工单位遇到的各种各样的问题，我们需要了解掌握各个专业的工序、设计的要求和意图，这样才能配合各个专业团队的协作，保证我们的设计作品得到最好的诠释，也保证施工的每个环节的有序推进。

最后，从我们自身来说，就是提高图纸的精确度，减少由于我们的错误导致的各类隐患。图纸的精细程度，直接关系到整个项目的品质优劣，我们对于自己的设计工作，有着严密而完整的审查制度，在不断的审核过程中发现问题、解决问题，在与施工方、业主方的会审与交底过程中本着对作品负责的精神，细致排查各个层面的问题，让施工方充分理解我们的设计意图，同时也从他们那了解各类施工环节的工艺措施，减少交叉问题的发生。

只有这样，我们才能为业主、为社会，也为我们自己奉献一个真正意义上的“设计作品”。

ARCHITECTS

DESIGN
北京都会规划设计院

北京都会规划设计院以中国农科院、北京市农林科学与北京农学院园林学院等三家教学、科研和设计单位的专业人士联合构建、相互协作开展景观规划设计、研究、教学的综合性机构。设计院众多专家学者具有丰富的理论学识和实际工作经验，曾承担农业部、国家科委（科技部）、北京市科学技术委员会和北京市自然基金委下达的多项科研项目。通过实现优势共享，以探究景观科学的深层运行原理，实现可持续的景观发展途径为目的，在积极开展理论研究的同时，保持和社会接触，承担了国内外多项景观规划设计、咨询、培训等方面的任务，并取得了较好的社会效益和经济效益，同时为社会培养了具有实战意义的景观设计人才。

设计院以创建美好城乡新面貌为己任，面对时代发展的新特点拓展传统学科领域，着眼城乡建设宏观格局提供有针对性地规划方案，得到了社会各界的普遍认可。

设计院在实践中，通过及时总结设计经验，先后出版了《园林设计》、《园林景观设计》、《景观工程》（面向 21 世纪课程教材）等专著和多篇论文，还担负劳动与社会保障部景观设计师培训任务，与北京大专院校和设计院建立了广泛深入的联系。多年来，在科研与推广的结合中，积累了丰富的经验，并有助于在实践中发现问题、研究问题、解决问题。

理念

在这个远离自然又远离自我的时代，世上充满了各种人工的安排，用心的，我们称之为有设计。景观，从外在物象层面去理解，可以被看作人类在世上经过而留下的印迹。往深里看又能发现，为让一个美好世界产生，无数精英殚精竭虑、备受磨难。其中无数令人感佩的智识往往只能成为未现之景观而供后人追忆缅怀。这不免使人常常在心底轻轻地问上一句："这个世界美好吗？"。或许正是这类疑虑成就了我们的存在：为天地立心，舍我其谁！借与诸位同道共勉！

主要负责人

中国农业科学院高级工程师
中国农学会科技园分会理事
国际园林景观规划行业协会常务理事
中国绿色基金会创意产业分会专家
北京都会规划设计院院长

都会

北京都会规划设计院

地址：北京市海淀区中关村大街 12 号中国农业科学院区划办公楼 508 室　邮编：100081　电话：010-82105059/51502669

传真：010-82105057　网址：http://www.bjompad.com　E-mail：bjdhjg@bjompad.com

泛华易盛

创造经典、成就品质

Create a classic, and achievements in quality

景观设计 LAMDSCAPE DESIGN • 市政项目规划 Municipal project planning

居住环境项目规划 Living environment for project planning • 公园及娱乐项目规划 Parks and recreation project planning

History:

Fantasy international Design Group是意大利得优秀景观建筑设计公司，进入中国市场为更好适应中国本土文化，特整合中国美术学院优秀的设计团队，成立了泛华易盛建筑景观设计有限公司。自2002年成立以来，凭借强大的专业阵容，多元的文化背景，多学科的专业组合，成为地产运营设计机构的领跑者。

Structure:

泛华易盛地产运营设计机构致力于整合策划、设计、资金多方资源，以设计为核心服务于政府机构和地产开发商。泛华易盛地产运营设计机构是一家是集“项目研究、投资咨询、旅游规划、景观与建筑设计、营销策划”五位一体的专业资源整合型研究机构。以旅游规划、建筑及景观设计等设计业务为依托，服务链延伸项目策划、项目开发运营与投融资产业相关领域。把不同专业、角色和资源融合在一起，利用先进的技术更好地理解和表达人与自然最本质的关系。

Goal:

公司目标：公司致力于在旅游地产、休闲地产、商业房地产以设计为核心，整合多方资源优势，使得土地和项目得到最大的价值体现。泛华易盛坚持“团队职业化、业务专业化、常年顾问化”原则。汇聚了房地产策划师、营销策划师、旅游休闲规划师、城市规划师、景观设计师、建筑设计师、投资银行经理等十余种不同学科及专业的精英人才，立志成为国内规模最大、专业配置最全面、创新能力最强的地产运营设计机构。

联系地址：中国杭州市西湖区紫荆花路2号杭州联合大厦A3-506

P 310012 T 0571-88361370 M 18868785777 13082841328 E hzhouse@126.com W www.fanhua.plusbe.com

01 中欧顶级历史城市保护大师同济论道——“中欧历史城市保护与景观规划”学术交流活动

Our top historical city protection master Tongji road——"Our historical city protection and landscape planning" academic exchange activities

由同济大学建筑与城市规划学院和联合国教科文组织亚太地区世界遗产培训与研究中心（上海）共同举办的“中欧历史城市保护与景观规划”学术交流会议于1月13日在同济大学建筑与城市规划学院进行，德国古城保护专家Michael Trieb教授和中国城市保护专家阮仪三教授将围绕历史城市保护的政策、空间、文化等话题，结合具体案例，从理念和实践角度展开深入的交流和探讨。本次交流会议旨在倡导行业内同仁对城市历史景观方法应用以及更广泛的城市历史保护、更新和可持续发展等问题展开积极的讨论。行业内的专业媒体《城市规划》、《国际城市规划》、《城市中国》、《理想空间》、《景观设计学》、《中外景观》等也对此次活动给予了高度的关注。

02 德国ISA意厦国际设计集团新书首发仪式暨“理想城市和中国”主题沙龙

Germany ISA Xiamen International Design Group book launch ceremony of "ideal city and Chinese" theme Sharon

2014年1月18日，德国ISA意厦国际设计集团新书《从两种文化中学习——欧亚城市发展、更新、保护及管理理论与实践》首发仪式暨“理想城市和中国”主题沙龙位于世贸天阶的时尚廊书店进行。活动邀请了斯图加特大学城市规划与建筑系教授，德国ISA意厦国际设计集团总裁Michael Trieb先生参加。集团合伙人、意厦北京总规划师张亚津博士主持了此次活动，沙龙针对“理想城市与中国”这一主题，交流知识、经验、成果，共同分析讨论解决问题的办法，最终想使学术思想得到激励和启迪，为政府、企业探索“智慧城市”“理想城市”的发展之路。参与沙龙讨论的还有中国建筑工业出版社总编辑王莉慧女士、北京建筑大学（原北建工）建筑学院的Fritz Strauss教授、德国AS&P设计咨询有限公司合伙人Johannes Dell先生、中央美术学院建筑学院教师、德国《照明设计》杂志中文版执行主编何崴先生、清华大学建筑学院黄蔚欣教授以及德国RLA雷瓦德景观事务所的景观建筑师兼项目主管刘彦廷先生等。

“温暖阳光 · 大爱无疆”
——记中国建筑设计研究院环艺院党支部第二季捐衣活动

2013 年 10 月 16 日至 11 月 8 日，中国建筑设计研究院环艺院发起了继 2011 年以来的第二次爱心捐衣活动，此次名为“温暖阳光 · 大爱无疆”的爱心活动主要是为四川、云南贫困地区的人们募捐过冬衣物。

延续上一次募捐的热情与爱心，参与此次活动的部门更广，参与人员更多，其中包括至少 13 个部门及各部门同事，所有衣物经过大家的分类、整理、捆绑、邮寄、搬运等工作，最终累计募集衣物、鞋帽、文具等近 1400 多件。

默然不显的绵薄之力正是世间最大的行善，中国建筑设计研究院环艺院会将捐衣的活动继续进行下去，但行好事，莫问前程，将中国院的爱心传递四方。

"Warm sunshine, love"
—— the Party branch of second China Institute of architectural design and Research Institute quarterly donate clothes Huanyi activities

项目客户：中粮集团；中国人民银行；山煤国际；江西五叶集团；山西康宝制药；路劲地产；振业地产；招商银行；211重点高校；鑫茂科技园；天津市政府；宜春市政府；唐山市政府 ...

桑菩設計
SUNPO DESIGN

桑之以诗意·菩之以禅心·桑是土地的因·菩是人居的缘·处处东桑西柳·遍地桑野诗趣·桑菩引领世人诗意的栖居

2010最具设计创新影响力企业 ·2011“海河创意奖” · 2012年度艾景奖“优秀景观设计机构”

天津桑菩景观艺术设计有限公司创立于2003年，以南开大学综合学科优势为依托，集聚国内外知名高校、设计机构的创新设计专家、教授，在进行学术研究基础上以国际交流协作为平台，汇聚最新国际设计理念和技术手段，精心从事景观科研及项目的策划设计，是专业从事地景规划、生态景观设计及相关室内外环境设计的研究设计机构。其工作目标是保护原生态的自然景观、复兴人文地域文化之精华与环境的融合，祈向创新营造“文化景观”及与草木禽牲共存，遍地桑野诗趣，引领世人诗意的栖居的“育人景观”。

天津桑菩景观艺术设计有限公司

地址：天津市南开区长江道92号C92创意集聚区“6号大艺工场”

电话：022--87601066 传真：022--87601099 Email：sunpo2003@126.com 邮编：300100

1992年何文辉开始驯化食藻虫吃蓝绿藻。
2002年申请"驯化食藻虫治理蓝绿藻污染"专利；《科技日报》头版头条报道；邹家华副总理接见何文辉。
2005年创办太和水生态科技有限公司，成立企业研发中心，占地4 hm²；参与云南滇池水污染治理。
2007年太湖水生态修复中试；北京分公司成立；主持江苏省水专项"食藻虫引导太湖水下生态修复中试"。
2008年主持国家"十一五"水专项"太湖苕溪入湖口及河网污染水体综合生物净化技术与工程示范"工程；申请"水体生态修复方法"美国发明专利。
2009年攻克污染河道治理；"富营养化水域生态修复与控藻工程技术研究与应用"获得上海市科技进步二等奖。
2010年完成世博后滩公园的生态湿地生态修复、主持北京圆明园水生态修复重大项目；主持江苏省盐城市市区饮用水源地生态净化工程近30多项；
其中"上海世博园后滩湿地生态修复"项目获得美国年度最高设计奖、综合景观设计杰出奖；"圆明园九州景区水环境治理工程方案设计"项目获得上海市优秀工程咨询成果二等奖。
2011年获专利2项；完成上海闻道园、青草沙水源地等各类水体生态修复项目50多项，实现产值2000多万元，并与万科建立长期战略合作伙伴关系。
2012年获专利6项；其中美国1项；新建基地约53 hm²；完成上海古漪园、杭州拱墅区横港河、广西保利山渐青龙湖、万科东莞松湖中心等各类水体生态修复项目80多项，实现产值4000多万元。
2013年计划完成各类水体生态修复项目150多项，产值实现1.5亿元人民币。

创始人：何文辉
上海海洋大学教授

太和水生态
TAIHE WATER ENVIRONMENTAL

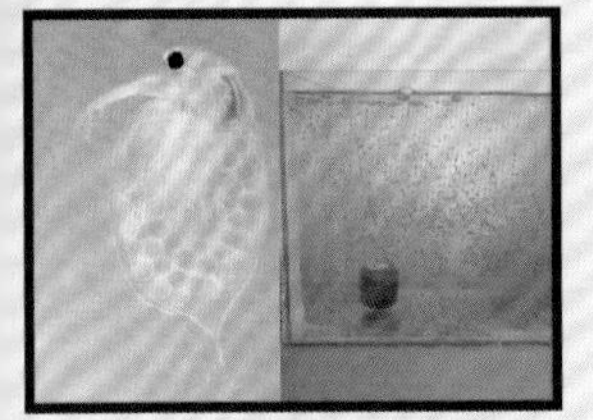

食藻虫吃藻、噬菌

恢复沉水植物群落

构建生态食物链

维稳水生态系统

经典项目案例

大型水库及饮用水源地生态净化

* 上海青草沙水源地生态修复工程研究
* 盐城市市区饮用水水源地生态净化中试工程
* 云南滇池蓝藻污染中试
* 徐州市饮用水水源地生态净化工程

城市污染河道生态净化

* 上海段浦河
* 杭州萧山燕子河
* 杭州拱墅区横港河
* 杭州萧山绅园

地产景观水系生态构建

* 万科-成都五龙山Q地块人工湖
* 万科-东莞麓湖别墅景观水
* 万科-长春惠斯勒景观水
* 保利-南宁山渐青
* 远洋-美兰湖景观水

公园景观水系生态修复

* 上海古猗园
* 上海闻道园
* 北京圆明园
* 上海炮台湾湿地公园

上海太和水环境科技发展有限公司
地址：上海市杨浦区翔殷路256号13层 / 邮编：200433 / 电话：021-35311019-806 / 传真：021-35311017 / 网站：www.shtaihe.com

景观建筑设计：PWP 景观建筑事务所
设计团队：Handel Architects
Davis Brody Bond
Dan Euser Waterarchitecture
Fisher Marantz Stone
Paul Cowie & Associates 等
建筑事务所
项目地点：纽约州，纽约市
面积：28 327 m^2

9·11 国家纪念园

National 9/11 Memorial

Landscape Architect：PWP Landscape Architecture
Design Team：Handel Architects, Davis Brody Bond, Dan Euser Waterarchitecture, Fisher Marantz Stone, Paul Cowie & Associates
Location：New York, New York
Site Area：28 327 m^2

9/11 Memorial

该纪念园是为纪念2001年9月11日，恐怖分子针对世贸中心、宾夕法尼亚州尚克斯维尔、五角大楼发起的恐怖袭击的遇难者，以及1993年2月26日世贸中心恐怖袭击的遇难者而设立的。设计师在被摧毁的双子塔废墟上打造了两处以喷泉作为边沿的孔洞结构，周边被橡树林所环绕，这些元素成为纽约市新建的世贸中心的核心空间，并在重建的城市中心区为人们提供了一处沉思与缅怀之所。

这处32 375平方米的地块位于曼哈顿下城区，是全世界人口最为稠密的城市街区和商业中心之一。从诸多层面上看，该项目极为复杂，其设计受多个因素影响，设计理念源自于当地国家层面的政府人士、遇难者的家庭成员、不同客户、设计批评家以及社会大众的想法。在我们这个时代，或许没有哪个项目接受了如此多的审查，也没有哪个项目被寄予了如此高的期望。

尽管该纪念园拥有简单的外观，但却是设置在多个建筑结构（含PATH车站和轨道、中央制冷机组、停车场以及其他几处设施）上方的绿色屋顶——相当全面的生态构建举措。在7年多的时间里，景观建筑师与上述多个机构以及利益相关者协同合作，通过富有挑战性的过程来打造该空间设计，以构建出可以跨越多个结构以及几处行政辖区的持续性的游客体验。

该设计的主要特色在于双子塔废墟上的两处巨型的孔洞结构。孔洞的巨大规模会令人们联想到这里于2001年9月11日所遭受的可怕灾难。两处孔洞结构周边镌刻的名字是为纪念1993年和2001年两次恐怖袭击的

穿过森林营造的防护空间，游客来到了这两处巨大的孔洞处，欣赏那发出雷鸣般声响的瀑布。在瞻仰了镌刻在孔洞结构青铜护栏上的遇难者名字之后，游客穿过树林就可以回到城市之中，从那抚慰人心、生机勃勃的树林之中获得了慰藉。树干的密度进一步拓展了平面的视觉深度和规模，同时使人们看周边建筑的视野更显柔和。广场的水平表面（诸如石材、地表元素、草坪、钢格栅等）被加以图案设计，以进一步强化结构地平面的平坦式设计。

纪念园的小树林中栽种了超过 400 棵橡树，看上去就像一处“天然”森林。然而，游客会发现，这些树木沿一个方向排列，形成拱形走廊。这种外观会使人们联想到世贸中心建筑师 Minoru Yamasaki 在原来的双子塔结构底部打造的拱形结构。这个小树林既拥有自然外观，又体现了人文关怀。树林中草坪覆盖的空地是安静的所在，使人们暂时远离喧嚣的广场。该项目的设计主要是为满足典礼的需要——尤其是每年 9 月 11 日在这里举行的朗读遇难者名字的仪式，其还提供了一处风景优美的绿色公园空间。在纪念遇难者。围绕孔洞结构的广场的设计主要是为了达成以下四个主要目标：

首先，深化并扩大游客针对孔洞切割线水准面的观景视野；

第二，使游客在身、心两个层面都参与到整个参观过程，而这对于游客对纪念园的体验是至关重要的；

第三，使人们在参观纪念园时拥有虔敬心情，暂时远离周边城市街道上繁忙的市井生活；

第四，为曼哈顿城区居民打造一处宁静、美丽、人性化的户外公共空间。

公园小树林内，树木之间变换的距离、座椅的摆放以及地被元素的设计节奏等打造出了拥有特别规模、特色以及光影效果的空间。

广场所使用的元素和材料类型相对较少。例如，一根简单的灯柱就融合了照明和安全性两种功能。鹅卵石、铺路材料和座椅都使用一种花岗岩来打造，地被植物类型仅选用了常青植物常青藤以及草皮草，整个小树林只选用了一种树木类型。控制色彩类型对于广场宁静氛围的营造是至关重要的。景观建筑师开展了广泛研究，并对每种所需材料都进行了精心挑选。

The Memorial commemorates the victims of the attacks of September 11, 2001, at the World Trade Center, Shanksville, Pennsylvania, the Pentagon, and the World Trade Center attack of February 26, 1993. Two fountain-lined voids, on the locations of the destroyed twin towers, and a surrounding forest of oak trees form the core of the rebuilt World Trade Center in New York City and provide a place for contemplation and remembrance within this revitalized urban center.

Located in Lower Manhattan, this 8-acre site resides in one of the most densely populated urban neighborhoods and business centers in the world. On many levels, the project was intensely complex, with multiple constituents influencing the design from local and state politicians, family members of the victims, a multi-headed client framework, outside design critics, and the general public. Perhaps no other project in our generation has played out under such scrutiny or with such stratospheric expectations.

Despite its apparent simplicity, the Memorial is a massive green roof—a fully constructed ecology—that operates on top of multiple structures including the PATH station and tracks, a central chiller plant, parking, and additional infrastructure. For more than 7 years, the landscape architect coordinated with these multiple agencies and stakeholders and navigated the design through the challenging process to establish a consistent visitor experience that extends over multiple structures and through several jurisdictions.

The design features two gigantic voids, centered on the locations of the destroyed twin towers. The scale of the voids recalls the terrible losses of September 11, 2001, and names displayed at the perimeter of both voids commemorate the victims of both the 1993 and 2001 attacks. The plaza surrounding the voids is designed to accomplish four main objectives:

First, to deepen and enlarge the

National 9/11 Memorial

visitor' s perception of the level plane into which the voids are cut

Second, to participate in the procession, both physical and spiritual, that is essential to the visitor' s experience of the memorial;

Third, to separate the reverential mood of the Memorial from the busy life of the surrounding city streets;

Fourth, to provide a quiet, beautiful, and human-scaled public open space for Lower Manhattan.

Within the protected space of the forest, visitors will arrive at the two great voids with their thundering waterfalls. After viewing the victims' names on the bronze parapets of the voids, visitors will move back to the city through the trees and take comfort from the soothing, life-affirming forest. Through the trunks of the trees the flat plane of the park is visible in its entirety. The density of the trunks extends the apparent depth and size of the plane and at the same time softens the view of the buildings beyond. The horizontal surfaces of the plaza—stone, ground-cover, lawn, and steel grating—are patterned to assert and reinforce the

flatness of the constructed plane.

The Memorial grove will resemble a "natural" forest of over 400 swamp oaks, until visitors discover that the trees align to form arching corridors in one orientation. The form recalls the arches that World Trade Center architect Minoru Yamasaki placed at the bottom of the original towers. In this way, the grove expresses the shared patterns of nature and humanity. A grassy clearing within the grove is a quiet space away from the bustle of the plaza. Designed to accommodate ceremonies—specifically, the reading of victims' names annually on September 11th—the space also provides soft green park space on typical days. Within the Memorial grove, the varying distances between trees, the placement of benches, and the rhythm of ground-cover beds will create spaces with distinct scale, character, and qualities of light.

The plaza is built of relatively few elements and materials. A single pole, for instance, incorporates lighting and security. One type of granite is used for cobblestones, pavers, and benches. Planted ground coverings are limited to evergreen English ivies and turf grass. A single tree species is repeated throughout the Memorial grove. The limited palette is critical to the notable quietness of the plaza. The landscape architect conducted wide searches and brought great care to the selection of each material.

Superkilen 城市重建项目 Urban Revitalization Superkilen

设计团队：TOPOTEK 1（柏林）
BIG Architects（哥本哈根）
Superflex（哥本哈根）
施工监理 / 工程师：Lemming & Eriksson
客户：Realdania、哥本哈根社区
项目地点：丹麦哥本哈根 Norrebro 地区
面积：39 000 m²
预算：48 Mio. 丹麦克朗

Cooperation：TOPOTEK 1 (Berlin), BIG Architects (Copenhagen), Superflex (Copenhagen)
Construction supervision / Engineers：Lemming & Eriksson
Client：Realdania and the Community of Copenhagen
Location：Norrebro, Copenhagen (Denmark)
Size：39 000 m²
Budget：48 Mio. DKK

会的对话，整个街区的创造性和意象美得难以实现。市民参与性发展成为公众设计的助推器。圆形座椅、喷泉、灯笼、健身设施将 Superkilen 地区多样性、国际性的特色融入到了风格多样的街区公园中。

红色广场上的多个国家的灯箱广告或许是这处多元文化广场最为明显的标志。进口的广告牌以极具戏剧性的方式对空间进行了分隔处理。这些商业元素的设计极力获得人们的注意，然而却在实际上并未真正指向那些具有文化特异性的目标群体。但是，在整个过程中，这些广告成为

Urban Revitalization Superkilen

Superkilen 位于丹麦城市中心区人口稠密街区中的一处混杂式区域。设计师通过将开放空间用作物理框架融合多种文化的国际化街区进行重建。该空间曾经仅是拥有单一功能的临时区域，经过设计，将其转变成为一处富有活力的、多种元素并存的区域。同样，该项目的主要设计理念致力于提升空间主体部分以及地块内部的多样化特色。Superkilen 空间整体中将融合一处黑色广场、红色广场以及一座绿色公园。作为空间对话的一个部分，项目设计从花园历史中借用了一项关键主旨。在花园中，对理想模式的置换、对另一处空间以及遥远景观的重新演绎，将成为贯穿始终的主题。历史悠久的中式花园景观以缩微的形式呈现了名山大川的岩层构造，而日式禅意花园则以抽象的形式用碎石的波动来展现大海的姿态。历史悠久的佛罗伦萨、凡尔赛花园被赋予了寓言性的描述，而悠久的英式景观花园展示了对希腊废墟景观的重建。Superkilen 这一主题拥有了当代色彩的城市外观：是一座富有国际特色的花园。来自于其他地区、文化且富有意义的元素转换，反映了该街区的多种族结构，并进一步将其激活。Superkilen 的配套设施源自于国际化的城市设计元素。经过各商铺多个月的实践以及与当地居民、当地协

Urban Revitalization Superkilen

宣传大使，进一步激活了全球性的城市文化空间；在信息传播和交流时期，摆放的所有广告促进了整个街区的国际特色；同时，在景观花园中，为宣传日本弹球游戏而设计的炫目的霓虹广告就像拥有悠久历史的中式风格般，令人们耳目一新、叹为观止。而来自拉丁美洲的电话亭又将闪耀着海滩长堤风情的景观展现在人们眼前。

Superkilen is a heterogenous site-collage in a dense, centrally located neighbourhood in Copenhagen. The strongly international quarter with a mix of different cultures is to be revitalized using open space as a physical framework. This space is to be propelled beyond its current role as a mono-functional transit area into being innovative and dense with synchronicities. Accordingly, the concept aims at enhancing the diverse characters of its protagonists and within the site. A black square, a red square and a green park will be the matrix of dialogue with the realities of Superkilen. As part of this dialogue, the design reattributes an essential motif from garden-history. In the garden, the translocation of an ideal, the reproduction of a another place, of a far off landscape, is a common theme through time. Where the historic Chinese garden features miniature rock formations of famous mountain ranges, the Japanese zen garden abstracts the sea into waves of gravel. The historic gardens in Florence or Versaille are loaden with allegorical depictions and

SUPERKILEN

the historic English landscape garden showcases replications of Greek ruins. In Superkilen this theme finds a contemporary, an urban form: a global, universal garden. Here, the transfer of significative elements from other places and cultures reflects the multi-ethnic structure of the neighborhood and activates it. The furnishing of Superkilen is developed from an international catalogue of urban design elements. In many months of workshops and conversations with residents and local associations the creativity and fantasy of the quarter has been mobilized. Civic participation has been developed as a motor for the design principle of multitude. Round benches, fountains, lamps, fitness equipment and sundry more now projects Superkilen' s diversity and international personality onto the matrix of a versatile neighborhood park.

The light advertisements from many countries on the red square are probably the most obvious markers of this cultural transfer. The imported advertisement alienates the place in an almost theatrical way. The commercial objects, all begging for attention, actually fall short of their culturally specific target group. In the process, however, they become ambassadors and activists of a global urban culture. The synchronously staged repertoire of advertisements illuminates and mobilizes the neighborhood' s international character in times of information and communication. Meanwhile, the flashing neon advertisement for a Japanese pachinko parlour surprises and astonishes as much as historic chinoseries in a landscape garden, while telephone cells from Latinamerica create the flicker of an illusion of a beach promenade.

景观建筑设计：SASAKI
项目团队：Alan Ward、Neil Dean
Mark Delaney、Matt Langan
Steve Engler、Dou Zhang、Steve Benz
客户 & 开发商：Boston Properties, Inc.
服务：景观建筑、规划与城市设计（地点：泰国华欣）
项目地点：华盛顿特区
面积：6 689 m^2 —— 街景 & 庭院（总面积的 48%）
14 164 m^2 —— 14 214 m^2 —— 总面积
摄影：Eric Taylor

华盛顿 林荫大道
The Avenue

Landscape Architect：SASAKI
Project Team： Alan Ward , Neil Dean , Mark Delaney , Matt Langan , Steve Engler , Dou Zhang , Steve Benz
Client& Developer：Boston Properties, Inc.
Services：Landscape Architecture
Planning and Urban Design Location：Hua Hin, Thailand
Location：Washington, DC
Size：6 689 m^2 – streetscape & courtyards (48% of site area)14 164 m^2 – 14 214 m^2 – full site
Photograph: Eric Taylor

THE AVENUE

The Avenue

The Avenue（华盛顿林荫大道）之前被称为 Square 54（54 广场），是一处富有活力的多功能空间，毗邻华盛顿广场、第 23 街和宾夕法尼亚大道，与东南方向的白宫之间只相隔了六个街区。该项目还靠近乔治·华盛顿大学和一处大型的公共交通枢纽。整个项目包含办公区、住宅区和零售区、大型的绿色公共空间、街景广场、平台以及富有创意的雨水管理策略的庭院。这些空间使游客、办公建筑雇员及当地居民在一年四季都能享有惬意的户外生活体验。

54 广场的四座建筑在设计上是为了提升整个项目在户外空间上的公共空间应用。周边的街景包含开阔的人行散步道，道路两侧栽种了成排的林荫树，设置了大型种植槽，其中栽种了名目繁多的多年生草本植物、低矮的灌木以及开花树木，此外，还有一系列的建筑种植槽，里面栽种了五颜六色的季节性树种。所有的停车区均位于建筑下方有五层结构的停车空间中。

停车区上方的中央庭院有一处水景结构，其展现了历史悠久的华盛顿城市区与宾夕法尼亚大道轴线结构交叉点的空间特色。该水景在功能上还是规模更大的雨水处理系统的一部分，可以将整个空间降落的所有雨水收集起来，通过雨水过滤器排放到位于庭院下方五层停车区结构中的容量为 28 平方米的蓄水池中。通过水景，这些收集起来的水进行了不断的再循环和处理操作，水景中栽种了水生植物，可对水进行过滤处理。在庭院中植被的整个生长期，储存的雨水都可以为其提供灌溉。项目的屋顶部分包含 743 平方米的广阔的绿色屋顶，其所形成的微气候可以降低当地热岛效应、提供鸟类栖息地、对建筑进行隔热处理，并最大限度地减小屋顶的径流。

THE AVENUE

过多的雨水在被收集到水景和地下蓄水池之前，通过绿色的屋顶层进行过滤处理。这种当地的可持续性雨水系统在很大程度上减小了建筑项目对城市不太健全的综合排水系统的依赖，这个老旧的排水系统会周期性地导致国家广场以及地势较低区域洪水泛滥，并污染当地的溪流。

The Avenue, formerly referred to as Square 54, is a dynamic mixed-use development bordered by Washington Circle, 23rd Street and Pennsylvania Avenue and located just six blocks northwest of the White House. Also near George Washington University and close to a major public transportation hub, the entire-block complex includes office, residential and retail elements and abundant green public spaces, streetscapes, terraces, and courtyards with innovative stormwater management strategies implemented throughout. These spaces afford visitors, office building employees, and residents a pleasurable outdoor experience in all seasons.

The footprints of the four buildings at Square 54 are designed to promote public use of the open space within the complex. The surrounding streetscape includes wide sidewalk promenades bordered by rows of shade trees, large planting beds filled with mixed perennials, low shrubs and flowering trees, and a series of architectural planters filled with colorful seasonal plantings. All parking is located below grade within a five-story parking garage beneath the development.

The central courtyard above the parking structure is anchored by a water feature that expresses the intersection of the historic Washington city grid and the axis of Pennsylvania Avenue. This water feature functions as part of the larger stormwater management system that collects all rainwater that falls within the property. The water then drains through a stormwater filter to a 7,500 gallon cistern located in the five-story parking garage below the courtyard. This water is continuously re-circulated and

The Avenue

treated by the water feature that includes aquatic plantings which offer supplemental filtration. The stored water is also used to provide all irrigation for the courtyard plantings throughout the growing seasons. The roof of the development contains 8,000 square feet of extensive green roof, which forms a microclimate that reduces the local heat island effect, provides avian habitat, insulates the building, and minimizes the roof' s runoff. Excess rainwater is filtered through the green roof layers before being collected in the water feature and cistern below. This on-site sustainable water system significantly reduces the development' s dependence on the city' s inadequate combined sewer system, which periodically results in flooding of the National Mall and low-lying areas and contributes to pollution of the region' s rivers and streams.

项目名称：Spielberk 办公公园
项目地点： 捷克共和国布尔诺
客户：CTP invest 投资公司
景观建筑师：LODEWIJK BALJON 景观建筑事务所
建筑师：Studio Acht 建筑事务所（含桥梁设计）
面积：6.5 ha
时间：2009~2013
建筑材料：天然石材、水、植被
（树木、树篱、草地、水生植物等）
摄影：Lodewijk Baljon & Studio Acht
摄影工作人员：Lodewijk Baljon，Studio Acht

Spielberk 办公公园

Spielberk Office Park

Project name：Spielberk Office Park
Location：Brno, Czech Republic
Client：CTP invest
Landscape architect：LODEWIJK BALJON landscape architects
Architect：Studio Acht Architects (including bridge)
Area / project size：6.5 ha
Completion time：2009 – 2013
Building materials：natural stone, water, planting (trees, hedges, grass, aquatic plants)
Photographer：Lodewijk Baljon & Studio Acht
Photo credits：Lodewijk Baljon，Studio Acht

Spielberk Office Park

布尔诺是捷克共和国的第二大城市，是南摩拉维亚区的政治文化中心。该项目位于历史悠久的城市中心区的山脚下。办公建筑与宾馆、会议厅、餐厅、商店综合在一起，营造出富有活力的空间氛围，一处大型的人工池是该景观项目的中心所在。

身处水池边沿，人们可拥有欣赏整座城市的全景式视野。水池的边线向着城市中山上的大教堂延伸。树篱就像石砌码头一样消失在水域中，凸显了人们向小型办公建筑的视线。

这座公园的主要部分是一个长长的街区，其与水池边的散步道和木板人行道联系在一起。这里的树木呈现松散式的布局，大多是拥有细小叶子和大型树冠的刺槐等树种，这些树木打造出了风格统一的公园，并提供了大片的阴凉地。

水域被用作开阔的中央空间，就像是大型的广场，这为炎热的夏日带来了新鲜活力，而在冬天，其成为非正式的冰球场地。该水池拥有两处风格独特的边沿。一处是直线式的木板人行道，可供人们尽情漫步或者闲坐，另一处拥有长长的曲线式表面，饰以名目繁多的沼泽植被；这柔和的线条被多岩石的地块所打断。树篱顶部形成了长长的交叉线，打造出极具趣味性的总体风格。

办公别墅位于大道周边的曲线位置，掩映在分散设置的大树之间。

为了进一步强化整个项目与城市中心区的联系，设计团队打造了一座横跨 Svratka 河的桥梁。该桥梁延伸了中央水池一侧的人行道，整座桥梁为优雅的细长式混凝土拱形结构，该桥梁设计是基于 Studio Acht 建筑事务所和 Jiri Strasky 咨询师的通力合作，赢得了 2008 年国际人行道设计赛的两项大奖：分别是在类别美学和技术设计。该公园设计还赢得了 2011 年捷克共和国“最佳商业园”的称号。

建筑及周边环境依据建筑研究所环境评估法（BREEAM）被列为“极优级别”*****

SPIELBERK OF

Brno, the second largest city of the Czech Republic, is the political and cultural centre of the South-Moravian region. At the foot of the mountain on which the historic inner city is build, lies the Spielberk Office Park. Office buildings are mixed with a hotel, conference hall, restaurants, and shops to create a lively atmosphere. A large artificial pond is the centre piece of the landscape.

Over the length of the pond one has a panoramic view on the city. The slight curve gives the space centrality. The line of the lake looks towards the cathedral on the hill in the city. A pattern of hedges, ending in the water as stone jetties, emphasizes the lines of sight through the smaller office buildings.

The backbone of the park is a long block that is connected with a promenade and board walk along the pond. A loose pattern of trees, mainly fine leaved and open crowned Robinias and Sophoras, result in a park like cohesion and give shelter.

The lake is used as a central open space; as a grand square. This provides freshness in the warm summers. In winter it is the informal arena for ice hockey. The pond has two distinct edges. One straight line, materialized as a board walk, has plenty of opportunities to walk and to sit. The opposite bank forms a long curved line, adorned with a rich rim of marshy vegetation This soft line is broken up by rocky outcrops, the tip of hedges forming long crisscross lines creating an intriguing overall pattern.

Office villas are placed in a curve around the grand way amongst a scattered pattern of trees.

To strengthen the relationship with the inner city, a bridge for bicycles and pedestrians is constructed crossing the River Svratka. The bridge extends the walkway along the central pond. The construction is a slender and elegant arch in concrete.

Spielberk Office Park

The design, with Studio Acht architects and Jiri Strasky consultant, won two prizes in the International Footbridge Award 2008: in the categories aesthetics and technique.

The park is awarded Best Business Park of the Czech Republic 2011

The tower building and its environment is certified BREEAM Outstanding *****

设计公司：ONG & ONG
项目地点：新加坡
占地面积：80 ha

Design Company：ONG & ONG
Location：Singapore
Area Covered：80 ha

麦当劳餐厅
The McDonald's Restaurant

The McDonald's Restaurant

该麦当劳餐厅位于占地 80 公顷的裕廊西区公园中，通过裕廊与裕廊西区公园的连接线可以轻松到达这座餐厅。

为了与公园环境融为一体，该麦当劳餐厅被郁郁葱葱的绿植所环绕，餐厅最醒目的设计是那蘑菇形的屋顶。绿色的屋顶不仅可以保护建筑屋顶表面空间，还可以

sunlight. This reduces the restaurant' s air-conditioning needs and mitigates Urban Heat Island Effect (UHIE).

For its unique and environmentally sensitive design, the McDonald's restaurant was the first to be awarded the BCA Green Mark Platinum Award under its new Restaurant Category.

储存一些雨水以及营养物质，以备干燥时节所需。

周边空间的温度得以降低。即便经受着太阳的暴晒，建筑内部空间也可保持凉爽。这又进而降低了餐厅对空调的需求，并减轻了城市热岛效应。

基于其独特而又环保的设计，该麦当劳餐厅是新型餐厅类别中首个获得BCA“绿色建筑标志白金奖”的建筑项目。

Situated within the 80-hectare regional park in Jurong West, the McDonald' s restaurant is highly accessible via the Jurong and Jurong West Park Connectors.

To blend in with the park, the McDonald's restaurant is swathed in lush greenery, most notably on its mushroom-shaped roof. The green roof also protects the rooftop's surface whilst storing excess rainwater and nutrients for drier periods.

Ambient temperature is also reduced and the building's interior stays cool even when subjected to intense

景观建筑设计：TOPOTEK 1
客户：IVG Development GmbH
面积：5 500 m^2
摄影：Hanns Joosten

柏林哈克斯街区
HACKESCHES
Quartier Berlin

Landscape Architecturde：TOPOTEK 1
Client：IVG Development GmbH
Size：5 500 m^2
Photographer：Hanns Joosten

该城市，为纪念“Garnisonskirche”教堂。将来会被打造为一处广场。这座开放式空间被分成了三个不同的部分。在 Spandauer Strabe 空间延伸区，有一处开阔的城市广场，这是整个项目的中心元素，其为周边的居民打造了一处富有代表性的入口空间。

景观设计的高标准进一步强化了周边建筑以及中心位置的代表性特色。方形座椅围绕着中央的几棵悬铃树相当醒目，这些元素确立了广场西南方向的背景特色，邀请人们来到这里驻足停留，并将广场用作舒适的便利设施。

在新建广场和 S-Bahn 入口区之间为城市通道，其中没有配置任何设施，为当地的店铺所拥有。

HACKESCHES Quartier Berlin

该开放式的公共空间中所选用的材料以及色彩与周边的建筑相匹配，广场使用白色沥青进行打造，通道表面覆以无烟煤小型自然石铺地。

整个街区以公共通道作为框架结构，分为公共使用和私人所有，其设计方案遵循了柏林市典型的设计指导方针。

The urban structure – to release the Square – is in remembrance to the former church Garnisonskirche.

The open space is divided into three different areas. In the extension of the Spandauer Strabe a generous urban square forms the central element of the development and defines a representative entrance for the adjacent residents.

The representative character of the surrounding buildings and its central location is emphasized by the high standard of the landscape design. The

HACKESCHES

group of plane trees is surrounded by a bench and defines the setting of the square to the southwest and invites people to stay and to use the square as an amenity place. A prominent group of 3–5 plane trees has been planted in this area.

In between the new Square and the S-Bahn access runs an urban laneway, which is widely without any furniture and dominated by the located shops.

The selected material and the colours used in the public open spaces are matching with the surrounding architecture. The material for the square will be white asphalt. The laneway is covered with anthracite coloured small sized natural stone paving.

The whole quarter is framed by a public walkway, which is partly in public and partly in private property and is designed by the typical design guidelines of the city of Berlin.

项目名称：小岩城法院
项目地点：阿肯色州小岩城
客户： GSA Region 7
业主：小岩城联邦法院
面积：1 950 m^2
摄影：查尔斯·梅耶摄影工作室

小岩城法院
Little Rock
Courthouse

Project Title：Little Rock Courthouse
Project Location：Little Rock, Arkansas
Client：GSA Region 7
Owner：Little Rock Federal Courthouse
Size：1 950 m^2
Photographer：Charles Mayer Photography

LITTLE ROCK

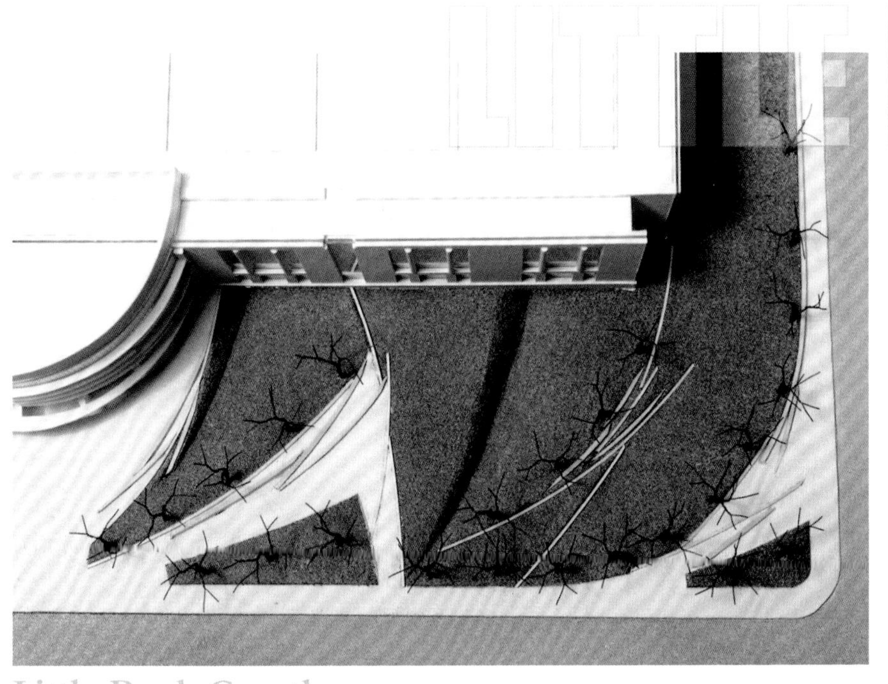

Little Rock Courthouse

在小岩城，Mikyoung Kim Design 设计事务所打造了这样一处城镇空间，其主要包括一处建在国家历史遗址上的 1881 年的邮局和 2009 年的联邦法院。该项目将雕塑美学和景观建筑融为一体，设计团队致力于将景观空间塑造成为通往建筑人行道的主要组成部分，同时在城市景观中打造一处不错的休闲目的地。通过与社区居民、联邦法官以及总务管理局的密切合作，设计师提出了这样一项设计方案，即融合新型的交通类型，并通过在公园临街道一侧打造优雅的种植槽来解决安全问题。城镇绿色空间一直通向一处公共广场，该广场与街道相连，围绕着历史悠久的建筑和联邦法院。位于法院地块中央位置的雕塑为小岩城的市民提供了一处静谧的休憩场所。在市中心主干道沿线，还有很多小型的流通空间，设有特别的铺地、公园设施和不锈钢雕塑喷泉，使人们可以在熙来攘往的街道生活之外拥有小憩之地。

雕塑设施于 2008 年秋天打造完成。2009 年秋天，设计师加建了一处小树林园地，使原有空间更加完善。该园地为雕塑营造了适宜的空间和架构背景，恰如设计师最初设想的那样，基于设计师的构思，该雕塑园地为人们提供了一处静谧的空间，人们可在水槽边缘的空间中独自沉思，或与友人会面。水流过这些辫子状的水槽发出持续不断的微妙声响，使整座花园更显凉爽惬意。

Little Rock Courthouse

In the city of Little Rock, Mikyoung Kim Design developed a town commons that is framed by a post office from 1881 that is on the national historic registry and a new Federal courthouse built in 2009. Blending the vocabularies of sculpture and landscape architecture, we envisioned this site intervention to be a predominate part of the pedestrian approach to the building while also establishing a destination in this civic landscape. Working closely with the community, the federal judges, and the General Services Administration, we developed a plan that integrated new circulation patterns and

resolved security issues with an elegant planter solution along the street face of the park. The town green space leads up to a public square that extends from the street and frames the historic building and courthouse. This centrally located sculpture on the grounds of the courthouse provides a place of respite and reflection for the Little Rock citizens. Smaller circulation areas, with specialized paving, park amenities and a sculptural stainless steel fountain offer respite from the busy street life along the main arterial road of this urban center.

The installation of the sculpture was completed during the fall of 2008 and was enhanced with the construction of a new garden grove during the fall of 2009. This garden provided the sculpture with the appropriate spatial and textural setting as originally intended. The sculpture was conceived as a place for quiet reflection and engagement along the edges of the water troughs. These braided troughs provide a subtle babbling sound and cooling effect for the garden.

自然文化
Nature Culture

凯瑟琳·莫尔
Kathryn Moore

> 景观是我们生活中物质、文化和社会的综合体。

景观不仅拥有物质形态：建成的公共空间、国家公园、海岸线、广场、散步道和街道、行走或休息的场所和观察世界变化的地方，这些也反映出我们的记忆与价值，以及在一个场所中的经历——作为居民、工作者、参观者、学生、旅游者，景观是我们生活中物质、文化和社会的综合体。

未来要求我们重新审视自然，并改变与“文化”脱离的传统固有观念。这种分离使景观处于神秘的地位，这也是为什么景观总与技术相关联而不是思想相关联的重要原因之一。我们所谓的自然究竟是什么？如果自然就是那些绿色生长的东西，为什么我们认为自然是有益的？问问普通的城市居民“自然是什么”，他们可能会回答是树林、狐狸、老鼠，他们不按照一定的规律，也不曾想过是否有益处。是不是对于自然的热爱已经成为文化上，甚至世界上的共识，也使我们坚信自然的功效与价值是无须怀疑的？为了拯救我们的地球，发现、了解自然的一切是否只是一个科学要求？对于自然我们应该放之任之，还是应该使其遵从我们的意愿而改变？一个花园，如果置之不理，得到的将是杂草丛生；但一片树林，如果任其生长，得到的将是多样生物。我们需要真正地去理解自然。问题是现在的城市中，自然（景观、绿色——随便怎么称呼）仅仅是计划外的添加物——用乔木、灌丛去填充建筑完成后的剩余空间。

极端的客观与学术，或者过分地关注自然形式，这种观念有很大的危害。两种想法都使自然孤立于未来，隔离于文化、费用、价值和收益。自然就仅仅是自然系统，并能被轻易地剥离于战略性的空间决策之外。它极易被边缘化，仅剩下框架，难以据理力争，也不能可持续，总是在事后被想起，而不是

NATURE CULTURE

事前就被在意。我们都清晰地看到结果，自然变成了那些“来之不易”数百平方米的草坪、树木绿篱和明沟，自然在经济决策过后挤入了城市住区和道路之间，沿着溪流、河水、或公园转角处生长，又或者以日常的绿色空间——有生命的装饰花纹存在。这样的自然竟被人们认为能够应对环境质量问题，也能为野生动物提供栖息地。我们从不在意建成的公共空间结构、行走的舒适性、归属感、场所的文化身份或者生活工作的人们的实际体验。无论关于自然的概念有多少盘旋在精神层面上，我们还是把自然仅仅与技术相连。我们不能再用破碎化的视角看待事物，它们是生物的、文化的，既包含科学，也包括美学。这就意味着我们要抛弃狭隘的仅以科学主观性看待自然的方法。不是对着自然提出想法，而是提出自然的想法。

不应把自然与文化隔离、人类隔离，我们需要认清自己的生活方式，对自然的干预，要向物质世界表明自己的态度（有意或无意）。不是让我们选择是用艺术还是生态的手段。是考虑自然还是考虑文化，而是我们应该如何有想象力地、负责任地进行我们的工程，因为我们每做出一个行动，都将反映在物质世界当中。我们决定在哪里建立新的城市或是扩展旧城，在哪里建立街道、广场、公园和花园，这些都反映出我们置于自然环境上的价值观。考虑到今天全球所面临的挑战，与自然合作是我们必须采用的策略。在这件事上我们别无他法。我们自身所持有的想法与价值观以及自然所表现的形式——是绿是灰或是蓝定义了我们自己。这些也影响了我们在某种场所的经历，而这种经历与自然正相关。毕竟，自然系统并不是建造完成时就停止了。

关于景观的想法是谈论的重点，也是能够说服客户、社区及不同专家的有力观点。想法可以产生凝聚力，它们可以把不同事物黏结在一起（争论、观点、价值）。没有什么比一个伟大的想法更能捕获人心了。

我们今天所研究的问题是要为景观提供一幅可持续的长远蓝图——给出新视角，不单纯地强调实践。因为环境质量与我们的生活质量成正比，所以我们要把空间策略与真实场地相结合，并发展能够鼓励、要求表达想法的工作模式，这是实现优秀设计的基础，也是创造良好视觉效果的前提。自然 = 生活，这是个简单的不能再简单的等式。

NATURE CULTURE

Landscape is not only the physical context, the constructed public realm, the national parks, coastlines, squares, promenades and streets, places to walk or sit and watch the world go by; it also reflects our memories and values, the experiences we have of a place — as citizens, employers, visitors, students, tourists. It is the material, cultural, and social context of our lives.

This perspective demands that we redefine nature and overcome the dichotomy that has traditionally severed it from culture. This damaging duality lends it an almost mystical status and is one of the foremost reasons why the landscape continues to be associated with technology rather than ideas. But what exactly do we mean by nature? Why do we think "nature" is good for us, if by nature we mean the green stuff, the things that grow? Ask your average urbanite what is meant by nature in the city, for example, and he will mention trees, urban foxes, and rats, not necessarily in that order and not all inherently good for our souls. Is our supposed fondness for nature something we share culturally or even universally, as many would have us believe, its efficacy and value a matter of fact, beyond question or debate? To save the planet, is it a matter of scientific necessity to find out all there is to know about it? Should it be left to itself or tweaked and tampered with to suit our purpose? Neglect a garden and you get weeds; allow woodland to develop and you get biodiversity. Nature is what we make of it. The problem is that in the city, nature (landscape, "the green stuff" — call it what you will) is an afterthought, the trees and shrubs to be imported and manicured once the architects have left the building.

To be coldly objective and scientific or airily metaphysical about nature does considerable disservice to the very concept. Both views isolate it from the broader perspective, dislocating it from culture, cost, value, and profit. Reducing nature to natural systems and the like gives the impression that it

Nature Culture

What we are examining today are ways to provide a sustainable and lasting blueprint for the landscape — to give a fresh perspective, not simply reinforce existing practices.

can simply be detached from strategic and spatial decision-making. Easy to marginalize, it is left out of the frame, hard to justify, difficult to substantiate, compromised on after the event rather than considered from the start. And we' ve all seen the results. Relegated to hard-won square meters of grass, trees, hedgerows, and ditches, "nature" is sandwiched in after the important objective economic decisions have been made, fitted neatly between settlements and roads, usually along the streams, rivers, or corners of parks or "informal green spaces" — nothing more than living embroidery. Nature seen like this is often cynically assumed to be enough to address matters of quality, and green space is justified in terms of its benefit for wildlife. Never mind the spatial structure of the constructed public realm, the ease of movement, the sense of belonging, the cultural identity of the place or the social and physical experience of the people who live and work in the places we design. No matter how much spirituality hovers around the concept of nature, in reality we find it difficult not to associate it with technology. It is critical in the wider arena to stop dividing things into bite-sized pieces, be they biological or cultural, of scientific or artistic concern. This means ditching both narrowly scientific and wildly subjective approaches to nature.

Rather than ideas versus nature, we have ideas of nature. Instead of seeing nature as something separate from culture, from ourselves, we must recognize that in the way we live our lives, with every intervention we make, we are expressing (consciously or not) an attitude toward the physical world. The choice is not whether we work with art or ecology, with nature or culture, but how considerately, imaginatively, and responsibly we go about our business, because for every one of our actions there is a reaction in the physical world. Where we decide to build new cities or expand old ones, and place streets, squares, parks, and gardens, reflects the value we place on the quality of our physical environment. Working with natural processes, given the global challenges we face, is an ecological imperative. We have no choice in the matter. But it is the whole thing, the ideas and values we hold and their expression in physical form, be it green, gray, or blue, that defines us. This is what frames the experience we all have of the places we live in, and it is this experience that is a properly relevant definition of nature. After all, natural systems don' t stop where the buildings start.

The ideas we have about the landscape are a talking point as well as an explanation that empowers the clients, the community, and the various professions. Ideas can be cohesive; they bind all manner of things — argument, opinion, values. There can be no better way to capture the hearts and minds of everyone involved than a great idea.

What we are examining today are ways to provide a sustainable and lasting blueprint for the landscape — to give a fresh perspective, not simply reinforce existing practices. We must connect spatial strategies to real places and develop ways of working that encourage and demand the expression of the ideas that are fundamental to achieving design excellence, the ability to create good-looking places, because the quality of our environment is directly proportional to the quality of our lives. It' s an equation as simple as it is compelling.

感知城市密度

Perception of Urban Density

维姬·程 Vicky Cheng
科恩·史蒂莫斯 Koen Steemers

近几十年来，伴随着全球社会城市化进程的推进，城市密度一 直是一个有争议的话题。在英国，聚集型城市可能带来的利益（更高效的城镇土地利用、运输和基础设施）已经使一些规划措施得以实施，例如，1999年的城市专责小组[1]和随后的大伦敦管理局的伦敦规划[2]提高密度似乎不可避免。然而，当规划师们谈及提高容积率时[3]它是如何影响我们的——影响我们的感观舒适性？换言之，有没有可能提高物理密度的同时保持感知的密度？不像土地价值、房屋价格和公用事业服务的需求之类的事情都可以合理建模。密度对于我们的知觉舒适的影响还不是很清楚。物理密度不是唯一对我们的知觉产生作用的因素，环境中的其他因素也同样发挥作用。如果我们可以控制这些因素，就可以把城市未来发展分析和城市再生整合，这样就可以缓解因致密产生的感官上的不适。

我们将香港作为一个城市的实验室，研究感知城市密度的主要决定因素，寻找那些可以替代用来定义密度的常用参数。在这种高密度的背景下，我们研究了人在城市密度方面的观感和满意度。我们安排了两个方法来获取反馈的主题：真实场景的照片[1]和[2]在城市中的准确位置。这两种方法都通过问卷调查管理，我们选择了 8 个站点，全部位于香港市区，符合该研究要求。这些站点体现出不同的密度和布局，反映了各种各样的城市建筑形式特征[4]。调查结果显示出满意度和感知密度之间较强的负相关系[5]这表明，高密度感知被看做是香港城市生活消极的一面。因此，创造一个令人满意的城市

环境意味着降低感知密度。然后，我们调查了一些候选城市的参数并衡量了密度对其产生的影响。

容积率，一个在规划实践中最常见的密度参数，与密度感知有着重大而又薄弱的联系，这表明实际物理密度对城市密度感知的影响较小。相似容积率的城市发展可以表现出不同的城市形态，因而可能被认为不一样。两个研究地点，韶华道及尖沙咀东部的容积率均[5]，表现出了非常不同的城市形态，韶华路是一个低层建筑多且场地建筑量高的典型例子，而尖沙咀东部则完全相反。人们一直认为尖沙咀东部具有较低的密度，并且作为研究对象而言得分比韶华路更令人满意。正是空间的开放性让尖沙咀东部成为比韶华路更理想的地方。我们使用天空开阔度作为衡量空间开放性的标准：天空开阔度为 1 代表着通畅的天空（例如，开放的土地）；天空开阔度为 0，代表着完全看不见天空。根据研究发现，密度的感知随着天空视野的增加而减少。尖沙咀东部比韶华路 6 号有更高的天空开阔度[6]，归功于低覆盖率成就的充足开放空间。

我们一直在强调开放空间的数量和质量同样重要。虽然开放空间的质量和密度感知的关系细节没有在这个研究中得到调查，但是一些关于非形态感知的发现可能会揭示这个问题。在这项研究中，车辆交通、行人强度和标志都被认为是增加密度感知功能的。植被的效果是不明确的，虽然植被的出现减少了密度感。尽管如此，一些参与者仍表示植被可能占用本已稀缺的城市步行空间，使街道更密集。同样，城市公共艺术（如雕塑）的效果，也没有在调查结果中清楚地表示。一般结果表明，公共艺术并没有得到广泛赞赏，很多评论谈到香港的街道过于狭窄和拥挤。

天空开阔度是一个已被广泛应用于定义城市小气候中天空开发性研究的、且很容易计算的参数[7]。它与城市日光性能和城市热岛现象等环境问题有联系，城镇阵列的理论研究表明，正如人们所想的，平均天空开阔度随着物理密度的增加而减少。然而，同样的研究还表明，对于一个给定的密度（容积率），天空开阔度随着场地功能的变化表现出更大不同。这表明，人们可以创造例如容积率为 7.2 的密集城市格局，那里天空开阔度的范围可以从 0.06 到更容易被人接受的 0.3。因此，城市密度为 7.2 的城市地区，理论上可以有一个比容积率为 1.44 的地区更低的感知密度。

这项研究带来了一个天空开阔度应用的新层面——人类感知舒适度。它揭示了人类感知与城市小气候知识的整体和协同集成在城市设计中的潜在意义，尤其是在高密度环境中。天空开阔度可以作为评估城市设计中对人类感知和城市小气候的方面考虑的指标。

Urban density has been a controversial topic in recent decades, as global societies become increasingly urban. In the United Kingdom, for example, the presumed benefits of urban compaction—more efficient urban land use, transport, and infrastructure—have underpinned a number of planning initiatives including the Urban Task Force in 1999 (1) and the subsequent Greater London Authority London Plan (2). Densification seems to be inevitable. When planners talk about increasing plot ratio (3), however, how does it affect us——our perceptual comfort? In other words, is it possible to increase physical density while limiting the perception of density? Unlike matters such as land

Perception of Urban Density

value, housing price, and the demand for utility services that can all be reasonably modeled with respect to density, the effect on our perceptual comfort is not well understood. Our perception does not merely correspond to physical density; other factors in the environment come into play. If we were able to manipulate these factors, we would open up opportunities for the integration of urban analysis in future developments and urban regeneration, such that the perceptual discomfort arising from densification could be alleviated.

Using Hong Kong as an urban laboratory, we studied the main determinants of perceived urban density, exploring alternative parameters to those commonly used to define density. In this high-density context, we examined people' s perception and satisfaction with regard to urban density. We deployed two methods to obtain feedback from subjects : (1) responses to photographs of real urban scenes; and (2) responses in actual urban locations. Both methods were administered by questionnaire. We selected eight sites, all located in the urban district of Hong Kong, as the context for the study. These sites manifest different densities and layouts that capture a wide range of urban built-form characteristics (4) .The findings show a strong negative correlation of satisfaction with perceived density (5) . This suggests that high perceived density is seen as a negative aspect of urban life in Hong Kong. Hence, creating a satisfactory urban environment means reducing the perception of density. We then investigated a number of candidate urban parameters and gauged their effects on the perception of density.

Plot ratio, one of the most commonly used density measures in planning practice, has a significant but weak correlation with perceived density, suggesting that actual physical density has minor influence on the perception of urban density. Urban developments with similar plot ratios can exhibit different urban forms and are thus likely to be perceived differently. Two study sites, Southwall Road and TST East, have similar plot ratios of about 5, but manifest very different urban forms. Southwall Road represents a typical example of low-rise buildings and high site coverage, while TST East exhibits the contrary. TST East was consistently perceived as having lower density and rated more satisfactorily than Southwall Road by study subjects. What makes TST East perceptually a more desirable place than Southwall Road is spatial openness.

We used the sky view factor as a measure of spatial openness : a sky view factor of 1 means an unobstructed view of the sky (i.e., open land), and a sky view factor of 0 means a complete lack of a sky view. According to our findings, the perception of density decreases with increasing sky view. TST East has a much higher sky view factor than Southwall Road 6 due to the low site coverage layout that results in ample open space. It has to be emphasized that the quantity as well as the quality of open space is important. Although the relationship between the quality of open space and the perception of density was not researched in detail in this study, the findings concerning a number of non-morphological properties on perceived density may shed light on this matter. In the study, vehicular traffic, pedestrian intensity, and signage were consistently acknowledged as features of increasing perceived density. The effect of vegetation was ambiguous, although vegetation appears to reduce the sense of density. Nonetheless, some participants expressed the concern that vegetation may take up more of the already scarce urban pedestrian spaces and make the streets even denser. Similarly, the effect of public urban art, such as sculptures, is not clearly shown in the findings. The results in general show that public art is not widely appreciated, with many commenting that the streets in Hong Kong are too narrow and congested. The sky view factor is a parameter that has been extensively used to define sky openness in urban microclimatic studies and is easy to compute.7 It has been associated with environmental issues such as urban daylight performance and the urban heat island phenomenon. Theoretical studies of urban arrays show, as one would expect, that the average sky view factor reduces as physical densities increase. However, the same studies also reveal that for a given density (plot ratio), the sky view factor varies much more strongly as a function of site coverage. This demonstrates that one can create physically dense urban arrays — with, for example, a plot ratio of 7.2 — where the sky view factor can range from as little as 0.06 to a more acceptable 0.3. As a result, an urban density with a plot ratio of 7.2 can theoretically have a lower perceived density than a development with a plot ratio of 1.44.

This study brings a new dimension — human perceptual comfort – to the application of the sky view factor. It reveals the potential for a holistic and synergetic integration of human perception and urban microclimatic knowledge into urban design, especially in a high-density context. The sky view factor can be an indicator for assessing the performances of urban design in terms of both human perception and urban microclimate. This work can shed light on the making of new urban planning policy.

注释：

1. R.G. 罗杰斯（R.G. Rogers），《通往城市复兴：城市问权力的最终报告》（Towards an UrbanRenaissance : Final Report of the Urban Task Force），伦敦：环境、交通、区域署，1999。

2. 大伦敦政府，《伦敦规划：大伦敦空间发展战略》（The London Plan: Spatial Development Strategyfor Greater London），伦敦：GLA, 2004。

3. 容积率（或占地面积比）是总楼面面积与场地面积比。为便于比较，本研究的网站范围被定义为从一个预定义的参考点周围 100 m 范围内的土地面积。

4. 容积率的范围是 2.9 ~ 7.8；站点覆盖范围 29% ~ 49%。

5. 将密度分为 1 ~ 7 的 7 个等级，1 和 7 分别代表低密度和高密度。

6. 尖沙咀东、南壁道路平均天空开阔度分别为 0.40 和 0.23。

7. V. 程，K. 史蒂莫斯，M. 蒙塔冯，R. 康陪尼，城市形态、密度和太阳能的潜力，PLEA 2006：二十三届日内瓦低耗能建筑国际会议，瑞士，9月6日 - 8日，2006，701 - 706; C. 拉蒂，N. 贝克，K. 史蒂莫斯，能源消耗与城市肌理，《能源和建筑》（Energy and Buildings），vol. 37，no. 7，2005，762-776。

1 R.G. Rogers, Towards an Urban Renaissance : Final Report of the Urban Task Force (London : Department of the Environment, Transport, and the Regions, 1999).

2 Greater London Authority, The London Plan : Spatial Development Strategy for Greater London (London : GLA, 2004).

3 Plot ratio (or floor area ratio) is the ratio of total gross floor area to site area. For the sake of comparison, the extent of the site area in this study is defined as the land area within a radius of 100 meters from a predefined reference point.

4 Plot ratio ranged from 2.9 to 7.8; site coverage ranged from approximately 29 percent to 49 percent.

5 Perceived density was rated on a 7-point scale, with 1 and 7 representing low and high densities respectively.

6 The average sky view factors of TST East and Southwall Road are 0.40 and 0.23 respectively.

7 V. Cheng, K. Steemers, M. Montavon, and R. Compagnon, "Urban Form, Density, and Solar Potential," PLEA 2006 : Twenty-third International Conference on Passive and Low Energy Architecture, Geneva, Switzerland, September 6 - 8, 2006, 701 - 706; C. Ratti, N. Baker, and K. Steemers, "Energy Consumption and Urban Texture," Energy and Buildings, vol. 37, no. 7 (2005), 762 - 776.

中顺上尚庭

HANG ZHOU

Zhong Shun First Tribunal

设计单位：杭州神工景观设计有限公司
施工单位：杭州神工景观工程有限公司
项目地点：杭州
景观面积约：34 800 m²

中顺上尚庭（杭政储出[2008] 24号地块商品住宅工程一景观工程）位于丰登街与益乐北路交叉口，总景观面积约34 800平方米，景观工程内容包括硬质景观、软质景观、园内环境设施摆放、泳池施工、水电安装等。该工程合同造价1 500万元、工期478天、开工时间为2012年5月1日，竣工时间为2013年8月21日。

本工程位于丰登街与益乐北路交叉口，东侧为在建的申华府小区，南侧为阮家桥村，西侧为阮家居安置小区，北侧为市政河道，小区周边尚未有高品质的景观工程。因此，本公司立志要将此小区打造成高品质的景观小区。小区景观设计的主要理念是：通过创造各种不同用途、大小不一的开发空间，采用适当的设计元素来提升人们对天然景观的感受，将景观小区融入自然，将功能与艺术有机结合，人与自然和谐对话，营造精致的自然风景，使繁忙的都市人有一种亲近自然、回归自然的感觉。

为使园区内地型高低错落有致、有形有势、土坡造型高大饱满，又能达到设计荷载要求，在荷载不够之处采用轻质陶粒填充，硬质景观在沉降不均处采用植筋等手法与建筑物紧密地连接在一起。

本工程先以主入口直接面对的景墙和精致的圆亭，配以两侧高大的银杏和两棵形态饱满的桂花，把人引入其中，迎面而来的是一个宽大的绿草如茵的中心草地和轻松明快、清澈的中央水景，而中心草地两侧的游步道把人们带入一片高大的水杉林中，配以桂花、樱花、紫薇，让繁忙的都市人仿佛置身于天然氧吧，尽情地享受着新鲜空气，嗅吸着花的芳香，使人意趣盎然、流连忘返。

环道边配置香樟、桂花、广玉兰等体现常绿乔木的浓绿，而银杏、无患子、乌桕、红枫、红叶李等则呈现秋天叶色热情奔放的绚丽，再适当点缀香泡、枇杷、胡柚、山楂等果树，也让人们感受到秋天丰收带来的喜悦。

泳池周边配置高大的乐昌含笑，中层的桂花，下层的无刺枸骨球，成片的红叶石楠和红花继木，高中低的搭配则提高了泳池的私密性。清澈的泳池、舒适的沙发，这样的游泳不仅仅是健身，更是一种享受。

以上点点，总体按照适地适树的原则，充分考虑植物的种类、色彩的搭配、结合景观设计理念，创造多样化的空间，营造轻松、祥和的景观氛围，使精致的景观小品、灵动的水景、舒缓起伏的地形及层次丰富的绿化有机的融合在一起，减弱建筑物对人的压抑，让居住者得到身体的放松、心灵的净化，达到梦幻般的生活境界。

本工程在施工过程中，遵守工程建设安全文明施工管理规定，严格按照专用条款约定的安全文明标准及《工程管理制度》组织施工，创建规范的施工现场，并随时接受安全检查人员依法实施的监督检查，采取必要的安全防护措施，杜绝事故隐患，施工质量达到国家规定的合格标准。

公司简介

杭州神工景观工程有限公司成立于2002年10月，公司总经理黄吉先生1989年毕业于上海同济大学风景园林专业，至今从事园林景观的设计、施工管理已有十几年的经验。公司自创办以来，一直注重专业人才的吸收和培养，至今已有了一批稳定的专业人才队伍。

公司下属办公室、财务部、经营部、造价部、工程部及温州项目部、承德项目部、绍兴项目部、瑞安项目部等多个部门，以项目为龙头，公司建立了一整套完整、合理的机制，整合内部资源，塑造最佳、最合理的组织结构，适应市场的需要。

专业是公司的发展方向，在市场化细分的今天，强调公司的专业化方向：专业化技术人员、专业化的组织管理、专业化的施工质量……专业化的一切是公司在激烈的市场竞争中立于不败的保障。

敬业是公司的操作模式，只有真正本着为客户着想的态度，才能运用自身的专业水平为客户提供完善的产品、妥贴的服务。

专业、敬业、成就伟业

正是在这一指导思想的指导下，公司自成立以来，先后在温州、瑞安、桐庐、济南、承德等省内外完成了一系列的工程施工项目。其中承建的温州新世纪佳园风荷三期小区配套工程、瑞安天瑞尚水名都环境景观工程、杭州野风·海天城一期环境景观绿化工程、阿里巴巴杭州软件生产基地室外环境施工工程分别获 2007 年度、2008 年度、2009 年度和 2010 年度的浙江省“优秀园林工程”金奖，四度蝉联该奖项；桃花源南区 F 区块五标段景观绿化工程获 2010 年度浙江省“优秀园林工程”的银奖。同时阿里巴巴杭州软件生产基地室外环境施工工程和桃花源南区 F 区块五标段景观绿化工程分别获 2009 年杭州市“优秀绿化工程”金奖。杭州紫薇公寓项目室外景观工程（软景施工）获 2010 年度杭州市“优秀绿化工程”银奖。桃花源南区 F2 区块样板区一标段绿植景观工程获 2011 年度杭州市“优秀绿化工程”金奖，桃花源南区 G 区块绿植景观工程（二标段）获 2011 年度杭州市“优秀绿化工程”银奖；阿里巴巴杭州软件生产基地室外环境施工工程在 2012 年度荣获中国风景园林学会金奖；2013 年天瑞尚城附属工程和桃花源 F2 区块二期标房一标段双双荣获省优秀工程金奖。并通过了 ISO 质量、环境、职业健康安全管理体系认证，同时还被评为“AAA”级信用企业。

施工是一个专业性很强的行业，由于历史和现实的原因进入门槛却很低，但是深入进去，要真正做好做精，却很难。本着专业敬业的态度，成就伟业的决心，神工景观将执着地求索!

苏州市上方山森林
植物园、动物园、游乐园规划设计方案

SU ZHOU

Forest Botanical Garden, Zoo, Amusement Park of Shang Fang Mountain in Suzhou

项目信息

规划总面积：224.86 ha

设计单位：荷兰 NITA 设计集团

项目地点：苏州

Forest Botanical Garden, Zoo, Amusement park of Shang Fang Mountain in Suzhou

基地所在的石湖景区，隶属于国家级太湖风景名胜区。 风景区内有众多的吴越遗迹，两宋明清时期，名人雅士常在此筑墅隐居，纵情山水。留下众多历史人文景观。

设计主旨

建立一个理想的城市公园

文化传承、发掘山水、生态和谐、活力互动、绿色生活

场地策略

地缘重构、板块融合、功能生长、生物栖息

概念：如蔓之生　如脉之承

发现万物生长之美，体验自然造化之趣，讲述城市漫画故事。继承石湖山水绿脉，传承吴越古韵文脉。

Forest Botanical Garden, Zoo, Amusement Park of Shang Fang Mountain in Suzhou

发展期望

以苏州市上方山森林植物园、动物园、游乐园项目为契机，整合上方山景区和石湖景区，并以“三园”、“两区”的融合为切入点，为苏州大市区注入新的活力，形成具有典型苏州特色的、有辐射力的、集文化休闲游乐、绿色旅游观光、生态科普教育于一体的自然生态文化活动中心。

本次植物园设计概念：“不仅仅是植物园”

通过生态、文化、互动这三点来体现这一概念。生态方面，植物结构是自然选择和进化的重要内容，也是我们创新的源泉。园区布局结构概念源自“根系－枝干－果实”的植物结构，这一仿生设计是本次设计创新点之一。同时以植物所需环境特点和山体现状作为我们的设计依据，对各个专类园进行合理布局，将是本次设计的重点。

凤凰湖规划设计

TONG XIANG

Phoenix Lake Planning and Design

设计公司：汇绿园林建设股份有限公司
项目地点：桐乡
设计时间：2014 年 1 月
施工时间：2014 年 4 月
凤凰湖中心湖区面积：590 666 m^2
景观面积：669 333 m^2

Phoenix Lake Planning and Design

凤凰湖位于桐乡市振东新区核心位置，凤凰湖中心湖区面积约590 666 平方米，景观面积约约 669 333 平方米。桐乡城市历史文化底蕴深厚，人文特色鲜明。桐乡是梧桐之乡，凤凰栖息之地。本次设计将以“凤栖梧桐”的典故为蓝本，从“凤还巢”的理念出发，将凤凰和梧桐元素融入到设计中，以人文、自然、心灵的回归为基础，打造一个节约型、生态型、环保型的生态公园。

设计公司：杭州八口景观设计有限公司
项目地点：杭州
用地红线范围面积：78 324 m^2
建筑用地面积：16 498 m^2
水系面积：2 333 m^2
景观用地面积：61 826 m^2

【世茂余杭项目】

景观设计理念萃取杭州西湖之神韵，充分依据自然地形特点，结合背依凤凰山，新西湖特有景观资源元素再现造园艺术。融合新中式园林的设计特征，旨在传递“情、神、韵、意”的禅意生活时区，让体验者真正感受一次“游园惊梦”之美。从而形成项目独特的记忆点，最大程度提升销售，实现世茂品牌的影响力再次提升。

SH

世茂西西湖

HANG ZHOU

Shimao Xixi Lake

项目概况

世茂西西湖位于杭州市余杭区余杭镇，距离市中心约 22 公里， 20 分钟直达杭州市中心。项目背依凤凰山，俯瞰新西湖，依托气势磅礴的新西湖规划，打造世界顶级湖居生活。新西湖旅游规划区整体面积约 18.5 平方公里，相当于 0.8 个上城区，约 5.21 平方公里湖面，相当于 1.3 个钱江新城核心区。世茂西西湖静静地依偎在湖光山色之中，建筑面积约 47 万平方米，规划建有低密度别墅、观景高层。建筑沿湖、沿山、沿河自然生长；半山别墅沿山、沿河零星布局；前瞰新西湖旖旎风光，更以国际顶级标准，精心研磨奢华无匹的别墅气质；半山高层豪宅、前可瞰湖、后可观山、稀缺罕见。

杭州新湖香格里拉别墅区

HANG ZHOU

Xin hu Shangri - La Villas

设计公司：杭州八口景观设计有限公司
项目地点：杭州
开发商：新湖香格里拉由杭州新湖美丽洲置业有限公司
总面积：866 000 m²

新湖香格里拉简介

新湖香格里拉由杭州新湖美丽洲置业有限公司开发，总面积：866 000 平方米。大体量空间尺度，融汇湖区、溪岸、林带、坡地等多元自然山水形态，是独栋别墅资源不可再生的城市板块中，屈指可数的大型纯山地独栋豪宅；充分表达山水大宅自由、高贵、浪漫的美学特征。

Hang zhou Xin hu Shangri-La Villas

HANG ZHOU

一、项目概况

杭州新湖香格里拉别墅区位于杭州城古墩路延伸段，距离武林广场 23 公里，占地 8 666 667 平方米，由 5 座群山环合，内嵌 200 000 平方米天然水系、1 000 余米水杉大道及 2 000 000 平方米生态密林。

大体量空间尺度，融汇湖区、溪岸、林带、坡地等多元自然山水形态，是独栋别墅资源不可再生的城市板块中，屈指可数的大型纯山地独栋组团之一。

二、设计理念

承袭了地中海风格设计和自然环境高度融合的设计理念，在选材上以天然材料为主。精细装饰的水景、花架以及细部雕花等，体现出厚重而精致的艺术感，充分表达地中海山水大宅自由、高贵、浪漫的美学特征。

三、工程进度

施工完成 80%，部分居民已入住。

上海第一坊生态创意园

SHANG HAI

The First Workshop Ecological Park in Shanghai

设计公司：道润国际（上海）设计有限公司
业主：上海湘江实业
项目地点：上海长宁区
面积：约 12 ha

设计原则

1. 统一性原则：园区内景观设计与建筑风格相统一。

2. 现代性原则：做为现代创意园，设计必须体现时代感，强化景观现代特征。

3. 人性化原则：设计将处处体现对使用者的全面人性关怀，为人们的穿行、游憩

The First Workshop Ecological Park in Shanghai

提供丰富的可能。

4. 生态性原则：在保护中利用，在利用中保护。在保持现状生态条件的基础上提升基地生态质量，从而改善区域生态环境。

5. 经济性原则：结合场地进行设计，就地土方平衡，减少建造工程土方量，在确保景观品质的条件下，降低造价，突出可实施和可操作性。

设计目标

作为建筑外部空间景观的灵魂和骨架，综合考虑古树与建筑的空间布置关系；道路与商业步行系统的穿插关系；休憩停留空间与景观绿地空间的组织关系。将园内建设成充满活力与现代科技气氛的生态多元绿地景观。

设计理念

融合协调—以建筑规划为蓝本，运用北欧景观元素，将景观与建筑相互融合统一。

先进理念—运用生态保护欲生态修复理论，形成以自然生态绿荫为核心的绿化网络。

生态调节—利用原有古树和新增大树，合理布置形成具有城市绿肺作用的生态园。

环境保护—在原有古树和新增大树基础上形成密林绿荫景观，营造具有防尘防噪的生态空间。

提升价值—通过景观营造，赋予基地新的功能，将原有厂房与古树变为一个经济、生态双丰收的总部园。

T

Tao Feng: Good Design Management is to Make the Design Results

陶峰：做好设计管理，目的是为了更好的设计成果

陶 峰

陶峰，杭州国美设计院创始人之一，从事建筑、景观、室内设计 18 年
以前瞻、科学、以人为本的前期规划为指导，善于融合建筑设计、景观设计及室内设计团队，融艺术、自然、生活相结合，以设计源自自然的设计理念，创造并提供了美学与实用相结合的建筑设计以及具有活力与价值的景观空间，成为人与自然对话的空间媒介。关注建筑、景观、室内设计的可持续发展及现代人对生活品质的追求。作品涵盖房地产、酒店、公园等范畴。
陶峰先生引领杭州林道景观设计咨询有限公司以前瞻的规划理念，艺术的设计技巧，良好的客户服务，高效的团队合作精神，以及与境外优秀设计团队长期默契合作，以品质赢得了广大客户的一致信赖和好评！

Tao Feng: Good Design Management is to Make the Design Results

COL：设计管理对企业发展的必要性都有哪些呢?

陶峰：我们这一代设计师刚开始步入设计行业打拼的时候，凭着对设计的热情、责任心进行自我约束、管理来解决设计进程中的问题。当发展到工作室的时候一般有 10 人以下规模，靠的是感性管理，事事亲力亲为。随着社会发展，对设计作品要求的提高尤其是设计专业领域的越来越深化、细化，从个体行为转变为团队作业体系，有了不同的工种和专业分工，设计作品成为各个专业间配合的产物，设计管理的重要性就显得非常重要，设计管理必将成为设计高效、高质的必要手段。在这个发展过程中，境外优秀设计公司的管理模式成为我们很好的模板而被不断学习消化，可以这么说，合理的现代设计管理是现代设计行业突破瓶颈，不断提高设计质量的一个必经渠道。总的来说设计管理的必要性体现在以下几个方面：

对设计团队人员的整合；

对设计流程、设计资料的管理；

对项目服务的具体管理，时间的管控；

对项目合约内容的进一步完善；

做好设计管理，目的是为了做好设计成果！

COL：设计公司具有不同的专业化发展方向，从管理的角度来看，公司的市场、技术和管理的能力，在公司有着举足轻重的作用，您怎么看呢?

Tao Feng: Good Design Management is to Make the Design Results

陶峰：公司的管理，从企业的角度来讲，要有市场营销管理，产品技术管理，公司财务、人事管理等几个方面。

小公司的管理最重要的是做好产品技术管理，发展市场营销管理，想要持续发展，必须做好财务、人事管理。不同层面的管理在不同发展阶段都有不同的侧重，当然，达到一定阶段后，三者都很重要。

COL: 您认为公司管理方面最主要的问题是什么?

陶峰：管理的制度可以借鉴，管理的目标可以设定，最困难的是管理的落实和适时的调整。一切制度不能一成不变，也不可朝令夕改。所以如何适时促进调整管理制度并很好地付诸实施才是最关键和最困难的。

COL: 你们是以一种什么样的思想来寻找人才、发现人才、培养人才的呢?

陶峰：设计公司核心竞争力是设计作品，设计作品的核心力量是设计人才，包括各设计工种的人才。就像一支优秀的足球队，不但要有优秀前锋，还要有好的后卫和中场。公司的人才包括优秀的项目负责人、主创和施工图设计师、技术工种、后期服务等。每个环节、每个岗位人才都很重要，并不是都要顶级人才，需要的是能相互配合，良好沟通。这样才能在项目遇到问题时，可以有效地合作解决而不是相互推诿职责。所以设计公司的人员必须是善于沟通和有合作精神的人。我们往往都想在各个专业招揽最好的人才，这是不切实际的愿望而已，因为我们领导者本身就不一定是最好的。每个公司都有自己的特色，每个人才也有擅长的领域和不擅长的领域，我们要找到能补足公司不足和短板的人，培养能发扬公司长处的人，发现能拓展新领域的人。

高级人才要志同道合；中级人才要兢兢业业；初级人才要有学习热情。

Z

Zhang Xin: Talk About Landscape Engineer How to Control the Effect of Landscape Design

张欣：论景观工程师如何控制景观方案的实施效果

张 欣 洲联集团·五合新力规划设计有限公司景观室主任

摘 要 人们对生活品质和居住环境要求的提高为景观设计带来了更广阔的市场，而景观工程师对保证景观项目的实施效果发挥了巨大作用。本文针对目前开发商众多，其开发经验参差不齐造成方案实施出的效果不尽如人意的问题，结合济南万达商业广场设计实施的实践，探讨景观工程师如何在工作中控制景观方案的施工效果的方法。

关键词 景观工程师、协调能力、设计督导、施工效果

随着我国社会的经济发展，人们生活品质和居住要求的提高，促使了建筑业的迅猛发展，同时也给景观设计带来了更广阔的天地。但很多景观工程设计与施工的安排都是倒排时间表，造成设计环节推敲不够，而且施工队伍不一定有工程项目对等施工经验，也缺少高技能的工匠，同时设计与施工脱节，如果没有优秀的、有经验的且了解设计意图的景观工程师来协调方案设计和现场施工的话，就容易造成景观效果粗糙和与原设计方案发生偏离的问题。

一、景观师作用与必备条件

在美国大中型景观设计事务所都会雇用全职的“施工指导”专业人士。他们的责任是“设计质量控制”，从项目的原始创意开始参与直至施工全部完成，其作用是将一个优秀的设计方案在建设中精彩完美体现出来。中国景观设计公司目前基本没有这种专业人士，而景观工程师作为一个项目的工程总负责人充当起类似的角色。

景观工程师应具备各相关专业综合知识和丰富的施工经验，对整体景观效果有一定的把控能力，对细部设计的精细程度与材料有很强的认识；同时还要具有良好的沟通技巧，与方案设计师、各专业工程师相互协调，与施工单位、甲方协调；另外，景观工程师还要对项目有“把握是全局、细节是上帝”的态度，对每一个细节不放过，善于处理现场的技术难点。

二、景观师控制效果的几个重要阶段

目前国内项目有很多是建筑设计方案已完成才让景观专业作为填缝式补充而介入设计，有的甚至已进入建筑施工阶段才让景观专业开始介入设计，这不但严重制约了景观专业的特色发挥也会在施工阶段带来不必要的诸多施工配合矛盾。

而景观设计一般又细分为以下几个阶段：概念设计阶段、方案设计阶段、初步设计阶段、施工图设计阶段、工地配合阶段。很多情况，方案主创人员只做前两个阶段工作，从初步设计阶段开始交接给专门做施工图设计的工程师。这种同一个项目由两拨不同人进行不同阶段的工作模式存在很大的弊端。

其实，一个优秀的项目，景观专业应该是从规划阶段就开始介入设计的，这样景观专业就能掌握主动权，与规划和建筑专业一起共同发挥各自专业优势，合力打造高品质项目。如果一个项目所有的专业设计都能委托一家具有设计能力的设计公司作一体化设计，能更方便协调各专业矛盾，发挥各专业特色。景观工程师对景观效果的控制主要有以下三个阶段：

1. 景观方案初步确定后与建筑及相关专业工程师配合阶段

作为项目设计龙头的建筑设计师没有或缺少相关的景观专业概念，建筑设计师在设计时往往从本专业的规范与方便出发，没有为后来景观设计和施工预留相应的条件，直接导致初步确定的景观方案无法实行甚至不得不改变原方案。

基于以上问题的存在，景观工程师在项目前期介入至关重要。景观工程师应对初步方案有一个全面的了解后，与建筑、给排水、电力电讯、热力燃气、标识设计等多专业的设计师前期沟通，从而协调多专业与方案间的关系，确保方案的可实施性。一般以下几个方面最为重要：竖向标高、车库顶板荷载、排水方式、管井与道路小品的关系、与建筑结构关联的小品、种植形式等。只有这些方面提前与相关专业设计师统一思想，在建筑出施工图时把景观的要求也一起出图，在景观施工时才可以避免返工的浪费，同时可以做到最合理最经济。

2. 景观初步设计与施工设计阶段

这阶段是方案的细化阶段，是施工前的关键程序，任何闪失都可能成为败笔。尺度、节点、细节的反复推敲；与结构、水电专业的配合，都为下个具体实施阶段提供了保证。

3. 施工现场服务、设计督导阶段

该阶段是控制效果方面最终也是最关键的一步，对于景观项目来说设计细节决定成败。首先确定材料样板：详细规定各种材料的颜色、质感、纹理、大小；小品雕塑也要确定材料、颜色、质感、纹理、大小，提供相应的示意图片，对厂家生产的样品进行确认。其次在进行施工交底时，景观工程师应该详细介绍项目方案要达到的目标，提示相关问题，尤其以相关专业相接口部位一定要提醒注意。再次，景观工程师需要驻现场或定期到现场指导，有问题现场解决。

三、济南魏家庄万达广场景观项目

1. 项目简介

济南魏家庄万达商业广场位于济南市市中心区经四路以北，顺河街以西，经二路以南，纬一路以东。济南魏家庄万达广场总规划用地面积为 23 公顷，总规划建筑面积约为 102.2 万平方米，分住宅区和大商业区两大部分。景观专业负责商业部分的景观方案及施工图设计与后期现场指导。该项目于 2008 年开始设计，2009 年建成开业。

2. 前期与相关专业配合与沟通

万达商业广场设计项目虽然景观面积不大，但是商业景观项目所需专业较多：建筑、景观、强弱电、给排水、导识系统、以及专业的灯光、音响、美陈等十几个专业方向，所有这些专业都要与景观专业对接，在景观图纸上体现出来。所以，景观工程师对整个景观效果的把控能力、对细部设计的精细程度，以及对相关专业的综合协调能力显得尤为重要。

从方案阶段开始，笔者作为景观工程设计师负责项目，与甲方及各专业开会交接工作，根据初步方案设计与各专业协调是确保方案可行性的前提。

景观专业尽早介入项目，景观工程师尽早与建筑师沟通，就能尽早发现一些建筑与景观不同专业交叉点可能存在的问题，从而及早解决问题，保证建筑和景观方案都得以合理实施。通过以下 3 个问题加以阐述：

（1）研究场地竖向

甲方要求所有的商业出口外部不能有台阶，为了达到这个效果，笔者核实了建筑师提供的总竖向图，发现最初的建筑设计没有考虑室外场地的排水找坡变化，而且建筑体量较大，东西向全长 230 米，场地找排水坡后东西之间会形成较大高差，必然出现台阶。为了满足甲方要求，避免出现台阶，景观工程师给建筑师反提条件，要求建筑的室内采用不同的标高值，从而避免了后期出台阶的可能。

Zhang Xin: Talk about Landscape Engineer How to Control the Effect of Landscape Design

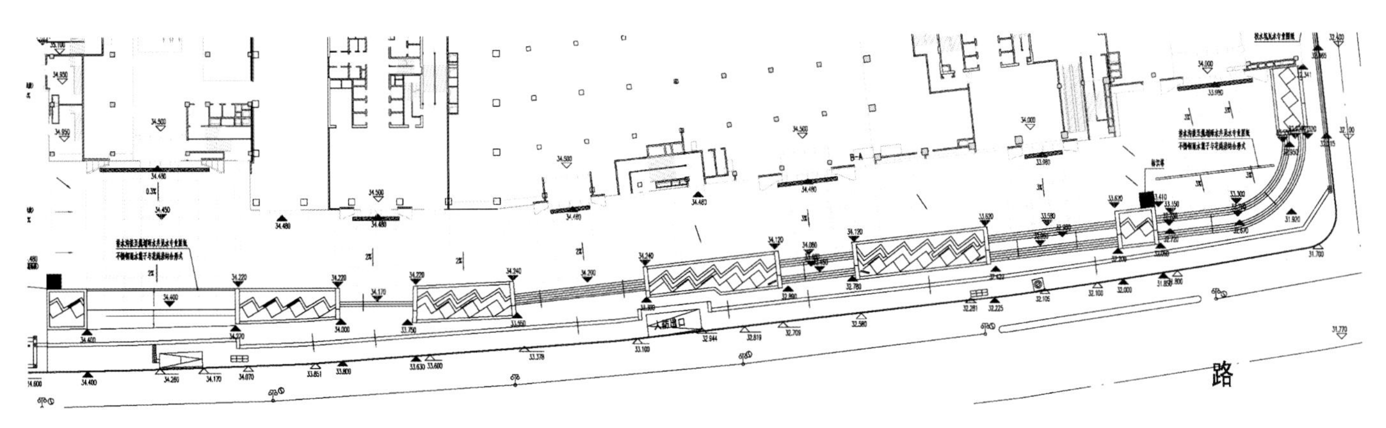

标高修改后的平面图 加修改前的图，以便对比

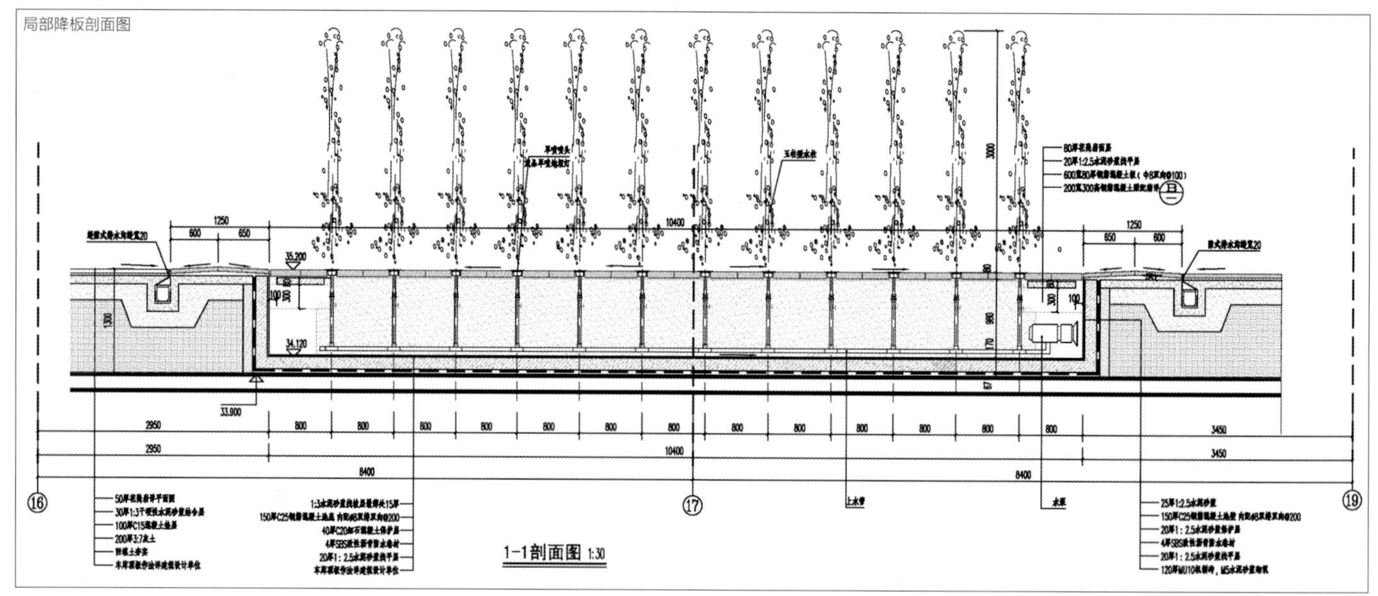

局部降板剖面图

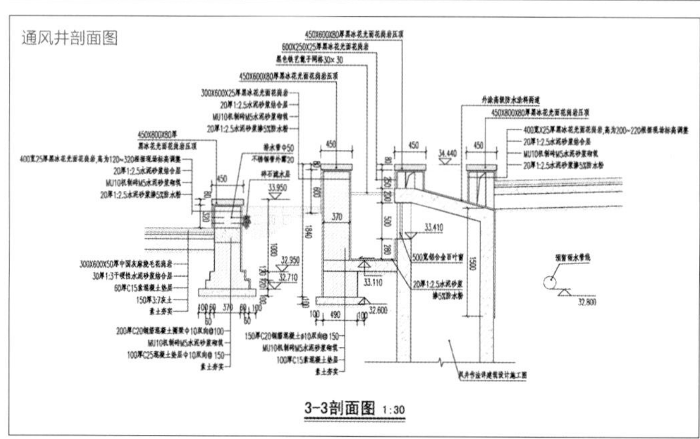

通风井剖面图

Zhang Xin: Talk about Landscape Engineer How to Control the Effect of Landscape Design

（2）研究景观小品的可行性

景观方案在广场中心设计了旱喷广场，通过核实图纸发现旱喷场地的地下是车库顶板，深度不够做旱喷的蓄水池。为了实现方案设计意图，笔者提出将做喷泉的范围内的车库顶板局部降低。同时为了能将喷泉坑内的水排空，通过与结构及给排水专业工程师协商，确定建筑施工时就在车库顶板处预留管孔，避免景观施工时再打孔返工，浪费人力物力。由此可见，如果景观专业没有提前介入与建筑结构及水专业的沟通协调，等到建筑施工完成后才发现这些问题，则景观的旱喷广场就无法实施，只能修改方案从而违背景观设计师的美好初衷了。

（3）研究建筑附属设施与景观如结合

建筑工程设计时在景观广场上设计有三个大型的地下车库排风井，这严重破坏了广场整体性。发现这一问题后，景观工程师与建筑工程师多次协调，最后确定将风井由上部排风改为侧排风，同时将风井与景观方案设计的花池结合为一体，从而在没有破坏原有方案功能的前提下保证了景观广场的整体性与美感。

除了与建筑专业协调与其它专业的协调也不可忽视，首先与水电专业对接管网图，将井盖一类的对广场铺地有影响的因素尽量减少；其次如管网对种植效果影响过大，应协调相关专业避让植物位置；再次应与导视与灯光设计公司核实导视牌及灯的具体位置，以免对景观效果产生影响。

以上工作协调完成后，景观方案才确实具有了可行性，可以进行扩初与施工图设计阶段。

3. 施工现场服务、设计督导

施工现场服务、设计督导是设计与施工的纽带，能有效防止设计与施工脱节。同时在施工图中有些没有考虑到位的，可以在这个阶段补救，是控制景观效果最后的一关。施工现场服务、设计督导控制的几个重要环节：

（1）与施工单位开交底会

一般情况，从方案到施工图阶段，设计师会反复向甲方汇报设计方案，而此阶段施工单位并没有参与，不能获得全部设计信息，从而可能导致施工与设计脱节。所以在施工前，设计方与施工方需要进行施工交底，既设计人员向施工人员准确的传达设计意图，将原创设计思想在施工前传达给施工队伍，讲解设计目标与理想效果，将各专业接口的注意事项与施工难点提前与施工队交流，使其心中有数以免在施工过程中出现问题。

（2）材料样品及施工样板的审核确认

同甲方、施工单位、监理单位对材料样

品和施工样板进行认真的审核，以满足设计效果为目标。对铺装的样板、材质、色彩、切割方式、铺砌方法、留缝、收口及转角部位要把关，从细部着手，保证品质。

（3）完善设计细节

对景观小品等最终体现景观效果品质的关键节点特别注重，对需厂家二次设计的成品应要求厂家制作小样，送样经认可后方可实施。如本项目的景观特制灯具、雕塑、广告灯箱等小品均应如此。但遗憾的是本项目工期过紧，有些小品没能看到样品就实施了，没有达到设计初衷，留下了永久的遗憾。

（4）地形效果的把控与协调

在景观交底会上需要提醒景观施工单位先对现场的实际坐标与竖向标高值进行实测，对图纸的信息进行核实，经核实无误后方可实施。人造地形的效果对景观效果影响巨大，尽管地形设计图上有清楚的标高点、等高线，但实际上往往需要在现场依据诸多现实因素进行微调，从而使设计更趋完美。

（5）绿化种植的控制

绿化种植是创造景观空间非常重要的元素，对影响主景效果的重要树种，设计师应与施工单位一起去寻找并确定苗木的来源、品种、品相。种植时应到场调整树的种植角度，使树最好的观赏面作为主要的景观面。

（6）突出状况的应急方案与现场协调

本项目在现场出现的一大问题是，有很多配电箱设计时是隐藏在广告牌下的，但施工时出现了状况没法照原图纸施工。为了避免配电箱裸露在广场上直接影响景观效果，设计师在现场与施工单位及电专业工程师多次协调，将其成功隐藏到了花池的侧墙暗格中，没有对景观整体效果造成影响。

项目现场会有很多与图纸不相符的情况出现，要求设计师在现场能依据具体现实情况对原来方案进行调整，同时还能保证施工效果。

四、结论

一个成功的景观项目建设需要多方面的努力，也凝聚了参与建设各方的智慧和劳动价值，这其中除发展商对项目的组织与掌控外，更重要的是景观设计师前期与建筑设计师及相关专业人员的协调沟通，以及后期与施工方的密切配合。作为景观工程师应不断提高自身能力，在前期方案能发现问题及协调其他专业的问题、在工程施工阶段能着重控制重要环节、解决现场问题，以保证景观施工效果达到最佳方案效果。

参考文献

[1] 汪建平，王志成，园林绿化施工质量管理办法探索。园林工程，2006.(7)

[2] 陆娟，论当代城市景观设计的现状与出路，艺术百家，2007.(1)

[3] 五合新力规划设计有限公司，济南魏家庄万达广场景观设计项目

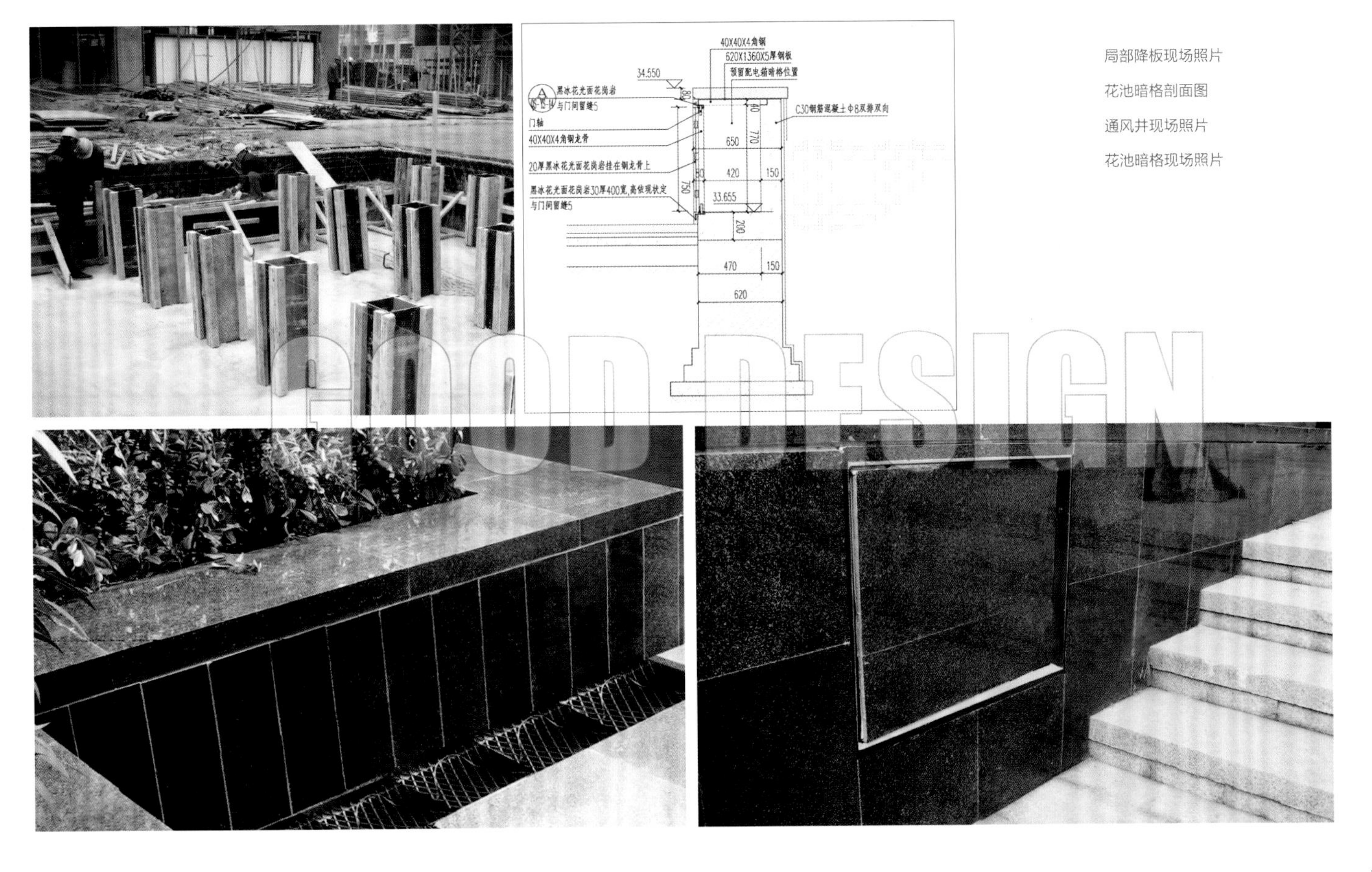

局部降板现场照片

花池暗格剖面图

通风井现场照片

花池暗格现场照片

M

Mao County "The Ancient Qiang Culture" Sculpture Group of New Qiang Cheng

茂县新羌城 "古羌文化"雕塑组群

设计单位：上海欧派城市雕塑艺术有限公司
项目地点：四川阿坝州茂县
设计时间：2011 年 3 月
竣工时间：2012 年 10 月

上海欧派城市雕塑艺术有限公司简介

10 年磨一剑，欧派已成为国内最大的城市雕塑专业机构。在国内雕塑界享有盛誉。

我们致力于城市广场、主题公园、滨水景观带、大型绿地、景观大道等设计、制作公共空间雕塑艺术。尤擅长大型群雕、组雕、浮雕的整体设计规划。

我们设计理念是在充分挖掘地域文化、弘扬城市理念的基础上，考虑各种目标观众意识导向，传递先进价值观。

欧派团队共拥有 40 多名艺术家，以老一辈著名雕塑家王志强、王松引教授为代表，更有冉光号、李卫、陈刚、杨扬诚、胡洋滨、王晋等屡获国际、国内奖项的一些中青年雕塑家，以及刘从韬、陈玮等几位欧洲海归雕塑设计师，其 11 名雕塑家拥有国家城雕委授予的资格证书。强大的雕塑家团队在国内位列第一。

10 年来，5 000 件作品的成功案例，1 800 个客户的选择，1 800 个客户的信任，不仅让我们获得大量实战经验，也让我们脚踏实地的成长，更让我们站在城市雕塑的设计前沿！

茂县新羌城“古羌文化”雕塑组群

MIAO COUNTY "THE ANCIENT QIANG CULTURE" SCULPTURE GROUP OF NEW QIANG CHENG

艺术风格

在新羌城的规划中，羌城从策划和设计上站在民族的、世界的、文化的、历史的高度，展现羌民族自然、生态、真实、古朴的生活习俗和风土人情，所以雕塑的表现形式定位为民族感强、装饰感强的古朴真实的设计风格。

设计背景

四川茂县羌文化在“5.12”地震中受到了严重的破坏，温家宝总理在视察时发表讲话“一定要保护好羌文化，使羌族文化得到传承和发扬”。对此，我司针对羌文化的历史和羌族独具的特征进行雕塑表达。

Miao County "The ancient Qiang culture" Sculpture Group of New Qiang Cheng

内容规划

羌城整体雕塑设计整合了羌文化和羌族非物质文化遗产资源，充分体现羌族文化的原生态环境和羌民族的生息特点。雕塑设计以“四个广场三个中心”为主要规划范围：

1. 羌文化广场：以羌笛为主体表现对象，辅以羌文化分类概括表现，统领整体羌城文化。

2. 萨朗广场：以萨朗舞为表现主题，多组舞蹈共同营造出广场的氛围。

3. 祭祀广场：配合祭祀神塔表现了与祭祀活动相关的神灵图腾等。

4. 神庙：羌王像和动物图腾为表现对象。

5. 演艺中心：主要表现了瓦尔俄足节，辅以舞蹈、音乐、民俗活动等。

6. 游人中心：迎宾为雕塑的主要描绘目的，献羌红、传说故事等。

7. 餐饮中心：表现了打糍粑这一特色日常活动，观众参与性使雕塑显得妙趣横生。

Chinese & Overseas Landscape

中外景观

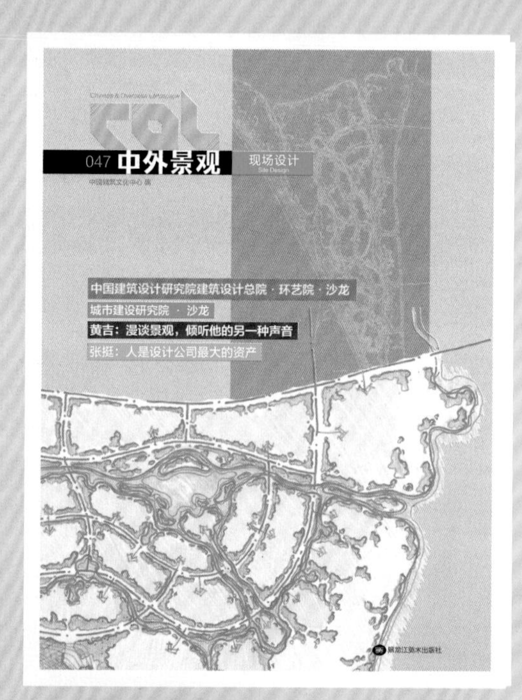

编辑部地址：北京市海淀区三里河路13号
中国建筑文化中心712室
邮编：100037
电话：+86-10-88151985
网址：www.worldlandscape.net

杭州八口景观设计有限公司

HANGZHOU BAKOU LANDSCAPE DESIGNING CO.,LTD.

滨水景观规划设计/主题公园景观设计/城市广场景观设计/住宅别墅景观设计/酒店景观设计/商业景观设计/室内设计/雕塑设计

杭州八口景观设计有限公司创建于2008年，是一家集滨水景观规划设计、主题公园、城市广场、住宅、别墅、酒店、商业景观设计及室内设计、雕塑设计等业务于一体的实力型创意设计公司。公司现拥有三十多名具备无限创意的优秀设计人才，同时拥有数位高级技术人员，是一支技术精湛、道德良好的优秀设计团队。

“求中国文化精髓　走八口创新之路”

联系地址：杭州滨江区白马湖创意园陈家村146号

电　话：0571-88829201　传　真：0571-88322697

邮　箱：bkou88@126.com　网　址：www.bakoudesign.com　Q Q：379424751

香河 · 秀兰 · 左岸小镇　项目实景拍摄

北京 / 上海 / 天津 / 重庆 / 成都 / 青岛 / 长沙 / 哈尔滨　www.tkjg.com

天开园林咨询：4000-577-775　私家造园咨询：4000-615-006